有事体制論

派兵国家を超えて

纐纈厚

インパクト出版会

目次

はじめに
自衛隊のイラク派兵と憲法改悪の動きに触れて

イラク派兵は国家体質転換の機会

本年（二〇〇四年）一月二六日、日本政府は先遣隊の派兵に続き、陸上自衛隊本隊（約五二〇人）と陸自の車両や装備を輸送する海上自衛隊に派遣命令を出した。ついに、三自衛隊の、戦地であるイラクへの派兵が現実のものとなったのである。戦地には軍隊を派兵しないという、当然の選択を続けることで、からくも平和国家の格好を取り繕ってきた日本は、その外皮を脱ぎ捨てたのである。

自衛官たちを乗せたC一三〇型輸送機が、〝帽振れ〟（出撃するパイロットを見送る際、地上から帽子を打ち振り激励する。死地に赴く者たちと見送る者たちへの一体感を表すパフォーマンスでもある）に見送られ、戦地に向けて飛び立つ映像や、装甲車と武装自衛官が戦地に展開する様子をブラウン管を通して見せつけられると、心底背筋が凍る思いを抱く。そうしたシーンは、戦前期の軍事社会と決別し、成熟した市民社会を実現しようとしてきた私たちの思いを断ち切るかのようでもあった。

これだけ反戦平和への思いが、多くの人々に拡がっているにもかかわらず、その思いを有無を言わせず打ち砕いてしまう政府およびこれに倣う施政者たちの専断ぶりに、この国の見せかけの民主主義の実態をあらためて痛覚せざる得ない。これは私だけの、決してナイーブな反応ではないであろう。

イラクへの自衛隊派兵に関する賛否とは別に、不信や迷いが多くの国民意識に潜在し、またアジア諸国からの懸念の表明が直接間接に寄せられている事実をも、この国の政府は歯牙にかけず、派兵に踏み切ったとしか思われない、そのやり方は、一段と危うい立場にこの国と私たちを追い込もうとしている。

イラク支援のありようだとか、憲法に抵触するだとか、そうした次元の問題以前に、戦地イラクであれどこであれ、武装自衛官を派兵すること自体が、この国のゆくえを軍事主導国家へと引っ張ってゆこうとする行為に他ならない。戦後五〇年を経て、この国が正真正銘の軍事国家として、「表舞台」――それは、アメリカ主導の国際舞台にすぎないが――に立とうしているのだ。

イラク派兵が、戦後五〇年の節目に強行されたのは意図的なのか、偶然なのかは判らない。ただ、はっきり言えることは、この国の政府および施政者たちが、戦後五〇年の間連綿として続いた、言うならば非派兵国家としての立場を捨て去り、軍事力の行使や軍事政策の採用に、ほとんど条件反射的に踏み切ることで、国の体質――それは実は戦後五〇年間の間に蓄積されてきたものだが――を根底から変えてしまおうとしていることだ。それが、小泉純一郎首相、石破茂防衛庁長官ら、当事者の粗雑で杜撰な言葉を通して強行されようとしている現実に、呆然自失に陥ってしまいそうになる。

しかし、そうならないためにも、イラク派兵に絡む論点の炙り出しが、いまほど重要となってきている時はない。そうした議論を推し進めていくために、まずここでは、イラク派兵の意図がどこにあるか、四点ほどに絞って整理しておきたい。

なぜ、いまイラク派兵なのか

その第一は、巨費が投入されるイラク「復興」資金と、これに関連する利権確保が挙げられよう。代表的な事例として、アメリカの軍需土建企業であり、ブッシュ政権内に深く食い込んでいることで知られるベクテル社は、ブッシュ政権を後押しつつ、利権の大方を押さえつつある。そのおこぼれをイギリスや日本、それに韓国の企業が狙っているのである。そこではイラク侵略戦争に参画しなかったフランスやドイツの企業が原則排除されている。日本の企業は、その資金と技術の投入の機会を一貫して窺っており、資金と軍事力の両面で日本の貢献を要求してきたブッシュ政権に呼応しつつ、自衛隊派兵を小泉政権に働きかけてきた経緯がある。

第二に、それとの関連だが、現在日本企業は海外で企業展開を拡大する方向にあり、とりわけ東南アジアでは投下総資本が三〇兆円を超えるとする試算も出ている。かつてスハルトを退陣に追い込んだ政変の折り、インドネシアに巨額の投資を行っていた日本のアルミナ製造企業は、政変による投下資本の焦げ付きに不安感を隠そうとしなかった。その時、日本の企業はアメリカと同様に軍事力の発動による海外権益の保守を強く政府に要求した事実があり、それ以来海外に生産拠点を置く企業や巨額の海外投資を実行している金融資本グループを中心に、自衛隊活用論が強く説かれてきた。

その意味で今回のイラク派兵は、自衛隊がイラクにおける石油利権やインフラ建設・整備に関わる日本企業のガードマン的役割を担うと同時に、今後発生するかもしれないアジア諸地域の権益を恒常的に軍事力によって保守したい、とする企業の要求に応えつつ、イラクの地がいわばトレーニングの場として位置づけられているのである。

第三には、有事関連三法が当面対象とする朝鮮有事に対応するために不可欠なアメリカ軍との共同作戦の展開上、アメリカ軍を筆頭とする「多国籍軍」の一員としての役割を果たすという期待に応じることである。これは将来的にはポスト北朝鮮としての中国脅威論に対応していくための前段階的な措置としてある。

つまり、アメリカは日米軍事同盟を理由に日本自衛隊のイラク派兵を強く要請しており、そこでは北朝鮮問題との絡みを具体的に提示しているのである。現在、日本政府及び防衛当局が把握する北朝鮮情報の大部分が「アメリカ発北朝鮮脅威論」とでも呼び得るものであって、実際に日朝間にはアメリカという強烈なバリアが存在している状態だ。日本政府は、現在言うならばこのバリアを後ろ盾にすることで北朝鮮政策を展開しようとし、その限りで日本政府の主体的な政策展開は最初から放棄されていると言ってよい。その結果、アメリカの肩越しにしか北朝鮮を見ようとせず、また、そのことが北朝鮮政府から不信と不満を買ってもいるのである。それは本年（二〇〇四年）五月二二日の二度目となる小泉首相の訪朝によっても解消されるものではない。

第四に、イラク派兵によって自衛隊が多国籍軍入りすることになり、集団的自衛権にいよいよ踏み込むことを公然化しようとすることだ。それは言うまでもなく、憲法改悪の方向と連動するものである。要はイラク派兵による集団的自衛権行使の積み重ねの中で、派兵政策と憲法との乖離という「現実」を作為的に創り出すことで憲法第九条の空洞化を図り、その勢いのなかで憲法改悪の世論を喚起する狙いが露骨である。

昨年（二〇〇三年）実施された総選挙の公約のなかで、小泉政権が二〇〇五年の自民党結成五〇周年までに新憲法草案を作成公表するとしたのは、このイラク派兵が憲法「改正」の呼び水となると踏んでいるからだ。それゆえに、英米軍兵士以外にもポーランド兵士やイタリア軍兵士が爆弾「テロ」によって死亡する事件が起きても、既定事実は不変だといち早く表明してみせたのである。

自衛隊の任務はどこにあるのか

それでは自衛隊が派兵されるイラクの現状は、どうなっているのか。イラクでは、戦争「終了後」の二〇〇三年五月二二日、国連決議「一四八三」によって英米軍にイラク占領を容認し、その結果イラク復興人道支援庁（ＯＲＨＡ）が設置され、その指導の下でイラク人による暫定政府の樹立が目標とされたことになっている。現在、ＯＲＨＡは合同軍暫定当局（ＣＰＡ）に統合され、ラムズフェルド米国防長官の監督下に置かれている。要するに、イラクは事実上アメリカ軍による軍事占領状態にあるのだ。

国連決議「一四八三」は、アメリカとイギリスの二国を「占領国」と明確に規定しており、それ以外の国は米英統一司令部の下で活動を行うものとされている。それゆえ、軍事占領下におけるイラク派兵は、再三指摘されているように、従来の政府見解をも大きく逸脱するものだ。

例えば、かつて一九八〇年五月一五日、政府は占領行政への参加が「自衛のための必要最小限度を超えるものと考えている」とする公式答弁を国会の場で行った。従って、アメリカとイギリスによって軍事占領が続き、CPAによる占領行政が実施されているイラクへの派兵は、この政府答弁すら反故にするものだ。

そうした経緯を知るがゆえに、小泉政権はイラク特措法を制定して、イラク国民への「人道復興支援活動」(第三条一号)を実行するとしている。つまり、政府は自衛隊がイラクで占領行政に参画するというトーンを可能な限り薄め、あくまで「人道復興支援活動」に徹するというシナリオで、先の政府による公式答弁を不問に付し、さらには憲法違反への世論の批判を回避しようと躍起になっている。

しかし、従来から人道支援を続けてきた日本のNGOで働く人々を自衛隊の派兵によって危険に晒し、その活動を実質排除しつつ、支援の本来的な形としての無償援助をもなおざりにして、「人道復興支援活動」とは一体何を指すのか。事実、派兵予定されている陸上自衛隊第二師団をはじめ、そもそも陸上自衛隊の装備では、破壊された道路をはじめとするインフラの整備は不可能とされている。もっとも、ブッシュ政権は、自衛隊にイラクのインフラ整備ができるなどと全く期待してはいない。

それでは派兵された自衛隊の直接的な任務は何かと言えば、米英軍への武器・弾薬・燃料など、軍事力の展開に不可欠な資源の提供・運搬・集積にあることは間違いない。実はイラク特措法には、「イラク国内における安全・安定回復活動」(第三条三号)を「支援」するとの文言が記されている。この文言から読み取れることは、イラク特措法とは「人道支援」の名のもとに憲法違反の自衛隊派兵を強行し、実際にはイラクの地でイラク人ではなく、アメリカ軍やイギリス軍への「軍事支援」を任務とすることを意図していることだ。

自衛隊が装甲車をはじめ、重武装を施して派兵されるのは、何よりも米英軍との軍事共同作戦という枠組みのなかで展開することが既定の事実となっているからである。そこからイラク特措法が、事実上「英米軍支援法」と言われる所以《ゆえん》である。

いま、あらためて確認しておくべきことは、イラクに派兵された自衛隊が自主的な判断で個別の部隊として活動するのでは決してなく、あくまで軍事占領下にあって占領国たる英米軍の指揮下に入り、軍事支援を義務づけられることになることだ。このことは繰り返すまでもないが、軍事占領下にあって、しかも連日の報道でも明らかにように、一方的な「テロ」やゲリラ攻撃という形を採っていたとしても、現実に交戦状態にある場所に自衛隊を入れることは交戦権を否定した憲法への違反行為である。

イラクの現状はどうなっているのか

それでは現在、なぜイラクで「テロ」やゲリラを手段とした英米軍相手の戦闘状態が続いているのか。

第一の理由は、英米軍の占領行政が明らかに英米の国益の拡大に集中され、イラク人が必要としている電気や水の供給など生活基盤の整備、それに雇用の確保などが、石油関連施設やその積出港の整備が急がれているために後回しにされている現状への不満からである。

よく引き合いに出されるように、フセイン政権を支えた組織や軍隊、それにそれに関連する建築物をあらゆる近代兵器を投入して徹底破壊しておきながら、どうして首都バクダッドの中心地に位置する石油省の建物を破壊しなかったのか。それは決して偶然ではなく、アメリカは「戦後」のイラクにおいて、石油埋蔵量世界第二位というイラクの石油を確保していくために、石油関連施設だけでなく、石油産出に関わるイラク人官僚や技術者を取り込もうとしているのである。このような御都合主義的な英米軍の自国の国益のみ追求する姿勢が明らかになると、これへの不満や反発を隠そうとしない人びとが圧倒的となってきたのである。

第二に、二〇〇三年七月一三日に発足したイラク統治評議会が表向きイラク人によるイラク統治を掲げつつも、結局はアメリカ人のブレマー行政長官の絶対的な権限によって指導されたCPAの管理下にある「傀儡」評議会でしかない実態が露呈されてきたことである。イスラム・シーア派、スンニ派、クルド人、キリスト教徒、共産党など、フセイン政権下で排除されてきたグループの代表二四名は、いずれもCPAによって任命された者たちであって、イラク人の多くの意思を反映したものではもちろんないことだ。

第三に、日本人には判りにくいかも知れないが、異教徒であるアメリカやイギリスに占領され、銃による威嚇《いかく》や検閲・捜査が日常化している現状への怒りである。それは誇り高く、敬虔なイスラム教徒を精神的にも深く傷つけていることだ。イラク人からすれば、イスラム教やイスラム文化への畏敬の念を示そうとしない英米軍のふるまいは、イラク人である前にイスラム教徒であることのアイデンティティを真っ向から否定しようとするものと映っているに違いない。ブッシュ政権の言う「自由の回復」とは、イラク人からすれば、新たな「抑圧の開始」にすぎないのである。

およそ一五〇以上の部族から構成されるイラク固有の部族社会にあって、そこで創出される秩序や規律は、西欧的な通念では理解し難いのかも知れない。そのようイラク固有の部族社会の存在を頭から否定し、欧米式の「自由」や「民主主義」を近代化の概念のもとに押しつけることが、果たしてイラク社会やイラク人を本当に豊かにしていくのかは全く疑問であろう。

言うならば、いまアメリカが実行しようとしていることは、イラク人やイラク社会の「アメリカ化」であって、それに猛烈に反発するのは当然である。CPAのメンバーには、確かに共産党やシーア派の政治組織ダウアなどからの参加者がいるものの、多くが亡命イラク人である。そこではフセイン政権下による抑圧や、イラン・イラク戦争から湾岸戦争、そして、今回のイラク戦争に至るまで、苦渋を強いられてきた圧倒的多数のイスラム勢力は原則的に排除されている。そうした状況下での「民主化」「安定化」が、どれほど現実的かつ合理的な選択であるか大いに疑問である。

英米軍だけでなく、自衛隊の派兵先とされるイラク南部に展開するポーランド軍やイタリア軍兵士にも死傷者が出ていることの意味も大きい。イラク人からすれば、英米軍に与するものは、「抑圧者」と見ざるを得ないのである。もちろん、英米軍を基幹とするイラク占領軍への攻撃を繰り返しているのは、その多くがイラクの一般市民ではないかも知れない。その巧みな戦闘技術や機動能力を見れば、相当に練度も士気も高い「兵士」であることは明らかだ。

アメリカのアビザイド中央軍司令官によれば、現在イラクで戦闘に従事しているのは、バース党の中級レベルの情報組織や保安組織、それに特別共和国防衛隊であり、彼らが地域的に細胞組織を形成し、英米軍へのゲリラ戦闘を恒常化させていると言う。そのなかには、国境を越えてイラク入りをした事実上の「義勇兵」も存在していよう。

いま、イラクで進行していることは、イラクの地が反米・反英の、そして、反グローバリゼーションのメッカとなりつつあることだ。つまり、イラクには、周辺諸国のみならず、世界の各地から馳せ参ずる人びとが存在する。それゆえ、二〇〇三年一一月一五日、来日したラムズフェルド国防長官がＮＨＫとの単独記者会見の席上で強く否定してみせてはいたが、イラクは「泥沼化」しているのである。このような戦闘状態をアメリカ軍は、「低強烈度戦争」（Low Intensity Warfare）と明確に位置づけているのである。

最新の情報では現在、撤兵を完了したスペインに続き、イラクに派兵しているデンマーク、オランダ、イタリアなどのヨーロッパ諸国では撤兵計画を検討中であり、当のアメリカは表向き増兵意図を表明しながらも、一方では二〇〇四年六月三〇日を目処としてイラク暫定政権に予定を早めて主権委譲を進め、早晩段階的であれ撤兵計画をも模索中と言われている。イギリスでは国内で撤収を求める世論が昂揚しており、場合によってはアメリカより先に独自の撤兵計画を打ち出さざる得ない状況下にある。つまり、アメリカはイラクを拠点とする中東支配戦略を根底から再検討する羽目に追い込まれているのである。

そのようななかでアメリカは、来日の折りにラムズフェルド国防長官は、韓国を含め、日米韓三国の軍事同盟体制の一層の強化し、場合によってはこの三国を主体とする軍事占領の続行というプランを提起したのである。表向き、日本政府には日本国内の世論の動向を踏まえつつ、「派兵の決定主体として日本政府の判断を尊重する」というアメリカ側の意向を表明するに留め、一方、派兵規模を最終的に三〇〇〇人と予定していた韓国政府に対しては、ラムズフェルド国防長官は、一一月一七日(二〇〇三年)における盧武鉉《ノムヒョン》韓国大統領との会談において、それ以上の規模での派兵を要求した。

日本政府への要求が韓国のそれと比較し、かなりトーンダウンしたことに、小泉政権は困惑せざる得ない状況に陥っている。そうしたアメリカの出方の背景には、言うまでもなくアメリカのブッシュ政権が来年に迫った大統領選と政権支持率の低下傾向の顕在化のなかで、相反する対イラク政策の遂行に苦慮している現実がある。ましてや、しばらくの間、民主党における次期大統領選の有力候補と見なされていたディーン候補は、イラク戦争反対の立場を鮮明にしてきた人物であり、イラクからの即時撤兵論者であった。最終的に民主党候補として勝ち残る可能性が高いとされるケリー候補も、現時点では段階的撤退論者として受け取られている。

現在、ブッシュ政権内においてもイラクの軍事占領の在り方をめぐる対立が先鋭化している。現時点では既述の通り、CPAはアメリカ国防総省の管轄下にあるが、早期にイラクからの撤退を実行するため、先頃ブッシュ政権内に「イラク安定化グループ」(座長はライス大統領補佐官)が設置され、国防総省主導の対イラク政策の見直しが始まっている。

そのこともあって、ブッシュ大統領本人の対イラク政策は揺れに揺れている。同年の一一月一四日、イタリア大統領との会談の席上、「平和が実現するまで駐留を続行する」と発言して、あらためて撤退計画を否定することに躍起となっている。国防総省も切り札とされるストライカー(電子戦闘装甲車)を含め、最新鋭の装備を施した四〇〇〇名程度から編成された都市型ゲリラ鎮圧用の精鋭部隊をイラクに投入するなど、泥沼化状態から抜け出すために、一気に反英米勢力を駆逐する軍事的反攻を仕かけてはいる。それだけアメリカ・ブッシュ政権は追いつめられているのだ。

憲法改悪の動きと連動

　基本的な事だが、自衛隊が軍事占領下に置かれたイラクに入ることは、同時に日本国が軍事占領軍の一員としてイラク占領国と同列に置かれることを世界に向けて公言することだ。そのことは、結局発見できなかったが「大量破壊兵器の排除」など勝手な口実を設け、如何なる内実を持った国家であれ、自国の「国益」を犯すと見なした主権国家を先制攻撃によって侵略し破壊する、という国際法違反を犯した英米軍の行動を容認することになる。

　イラク戦争は、間違いなく英米軍の先制攻撃による侵略戦争である。別の言い方をすれば、侵略戦争とは必ず先制攻撃によって開始される。日中一五年戦争の開始を告げた満州事変（一九三一年九月）であれ、日中全面戦争の起点となった盧橋溝事件（一九三七年七月）であれ、また、第二次世界大戦の開始の契機となったドイツのポーランド侵攻（一九三九年六月）であれ、さらには日米戦争における真珠湾攻撃（一九四一年一二月）であれ、全て日本やドイツの先制攻撃として開始された。

　そこで教訓とすべき歴史を体験した日本は、何よりも先制攻撃による侵略戦争の発動を放棄することを誓い、その目標と理念とを平和憲法によって世界に向けて公言し、発進することによって平和国家・平和社会の創造を目標としてきたはずである。しかし、いまやその平和国家宣言を取り下げ、事実上は侵略国家日本の看板を掲げようとしている、としか言いようがないところに来ている。

それでもなおイラク派兵の方針に変更なしと言い切る日本政府は、派兵行為が憲法第九条に抵触しないとする公式見解を繰り返しつつも、本音では現行憲法と派兵行為の相互矛盾が明確であることを自覚している。その自覚があるからこそ、派兵を強行し、既成事実化することによって明文改憲を求める世論を喚起しようとしているのである。

しかしながら、今回のイラク戦争が起きる過程で非常に明確になったことは、軍事力によってフセイン政権を崩壊に追い込んだとしても、現在のイラク情勢が示しているように、結局は本当の意味での平和や自由は確保されなかったことである。

特に、英米軍のイラク侵攻直前までフランスやドイツを中心に軍事力の行使に反対する国際世論は、あらためて非軍事的手段による問題解決への方法の優位性を自覚的に捉えていたが故に、その高揚を見たのである。武力行使には極めて抑制的な基調で貫かれている国連憲章を理由として、英米軍の武力発動に国連安全保障理事会の構成国が強く反対の意思を表明したことなど、ここにきてあらためて「戦争違法化」(Outlawry of War)への強い関心が生まれている。

同時に今回のイラク戦争の真相が明らかになるにつれ、国際メディアや各国の知識人及び市民から発せられるメッセージは、要約して言えば、武力発動の結果生じる悲惨さの指摘と同時に、武力発動が問題の解決には何ら寄与しないという教訓と確信であった。そうしたメッセージを憲法理念として先取りしているのが日本国憲法であり、とりわけ、その交戦権放棄の条文への再評価が進んでいるのである。この点を私たちは、今一度確認しておく必要がある。

それにもかかわらず、日本政府は、「戦争をするために出かけるのではなく、あくまでも人道復興支援なのだ」と強弁し続けている。しかし、軍事占領を容認し、戦闘行為に巻き込まれることが充分に予測される戦地に、アメリカの「雇兵」として自衛隊を派兵する行為は、日本政府が憲法理念を自ら放棄して見せる行為としてイラク人たちだけでなく、世界の人々の目には映るはずだ。

このような事態をどう捉え直し、これに抗する論理と運動を用意していくべきか、改めて問い続けなければならないが、私はこの間書き綴った小論や講演録、それに書き下ろしを含め、現代の日本国家を「派兵国家」と規定したうえで、これまでに至る道程を私なりの視点から照射したのが本書である。

本書は、二〇〇三年六月の有事関連三法成立前後から自衛隊のイラク派兵の決定プロセスを追究したものであり、同時に新聞や雑誌に寄稿した何本かのコラムをも随所に配置した。そこでは「派兵国家」を批判的に問い直すとともに、そこから「派兵国家」を越えていく論理を探ろうとした。この現代日本国家の実体に迫り、これを超えていく論理と運動の構築は、今後の私たちの大いなる目標であろう。

（書き下ろし）

〔付記〕発表済みの小論・講演録には所収雑誌名を各論文末に記した。

I 歴史から派兵国家を問う

1　未決の戦争責任が派兵国家を生み出す

歴史を振り返ることの重み

二五六年間に及ぶ徳川封建体制が崩壊し、中下級武士を中心とするクーデターにより、明治国家が成立する。歴史上は「明治維新」とか、時として「明治革命」なる用語が用いられる。しかし、その実態は旧態依然の封建思想や封建体制に固執しつつ、西欧の産業革命から開始された資本主義化や近代化に遅れを取るまいと発想した中下級武士たちが中心となって、新しい政治体制《レジーム》を構築しようとした政変《クーデター》に過ぎなかった。その際、新政権は何らの権威をも保持していなかったため、その権威づけとして担ぎ出したのが当時において「玉《タマ》」なる隠語で語られていた天皇であった。

明治新政権は「富国強兵」のスローガンを掲げつつ、領土拡張政策によって一層強化する必要に迫られる。そこには資本主義の発展を見越しての市場の確保という目的もなかったわけではない。明治初期にあっては、依然として不安定極まりない明治国家の内実と外形を同時的に鞏固なものにしていくために、海外膨張政策を積極的に採用していく。明治政府は、一八七五年年九月、早くも李氏朝鮮に開国を迫って江華島事件を引き起こし、朝鮮への武力占領を企画する。それから二〇年後の一八九五年一〇月には朝鮮王宮である景福宮に国母と言われた閔妃《ミンビ》を襲って殺害するという蛮行に出る。こうして朝鮮支配の足がかりを掴んでいく。

一方、一八九四年八月から開始された日清戦争に勝利し、台湾を手に入れた日本は、日本の台湾占領に抗議して翌年の五月に「台湾民主国」として独立を宣言した台湾人への徹底した弾圧を開始する。それまでの清国の属領であった台湾は、独立当時幾つかの種族からなる約二六〇万人が暮らす島であった。台湾の人々は日本の軍事占領に対して徹底抗戦を続けたため、日本軍が台湾の軍事占領にとりあえず成功するのは大正時代に入ってからであった。まさに、二〇年間近くの長きにわたり、独立の戦いが続けられていたのである。

なぜ、ここで日本が長きにわたって植民地統治を行った朝鮮と台湾の事例を出したかと言えば、朝鮮にしても台湾にしても、その植民地統治はいずれも軍人総督による総督府統治が行われ、軍事力による弾圧と抑圧のなかで強行されたもう一つの侵略戦争としてあったことを、あらためて強調しておきたかったからである。

ところが、朝鮮における一九〇七年八月から本格化する抗日義勇運動から一九一〇年八月の日韓併合を挟んで、一九一九年三月に起きた有名な三・一万歳事件に至り、さらには朝鮮が解放されるまで連綿として続けられた抗日運動の歴史が必ずしも戦後日本の歴史教育のなかで正面から取り上げれてこなかった経緯がある。せいぜい、李氏朝鮮には守旧派と革新派との対立が続いて国王の権威が失墜し、その間隙を縫って中国、ロシア、日本が「進出」し、最後は日本の勝利に終わった、という程度の歴史認識の普及がなされたに過ぎない。そこには韓国・朝鮮の人々の闘いの歴史や弾圧と抑圧の事実への真摯な学習が完全に欠落していたのである。

台湾についても同様である。今日の台湾植民地史研究では、日本が台湾を清国から割譲されて植民地化していく過程で生じた闘いを、「植民地戦争」と呼ぼうとする歴史解釈が進んでいる。すでに記したように、約二六〇万人の台湾人は、長きにわたる清国（中国）からの支配を逃れ、「台湾民主国」として独立を宣言する。その独立を貫くために、清国に替わる支配者である日本から、独立を維持するために立ち上がった。ところが、圧倒的な軍隊を投入する日本によって台湾は敗北し、多大の犠牲者を出すことになったのである。

封印された歴史のなかで

これまた朝鮮の歴史と同様に、戦後において多くの日本人は台湾を戦利品として中国から譲り受け、台湾はその後日本の新しい「領土」として砂糖や樟脳の世界的産地として日本に大きな利益をもたらした、という程度の歴史認識しか持っていないのではないか。少なくとも戦後の教科書からは、その程度の知識しか与えられていないのである。

このように日本が植民地として想像を絶する蛮行を繰り返しながら、徹底して資源を搾り取ろうとした朝鮮と台湾に代表される海外直轄植民地への歴史認識が、戦後一貫して封印されたままであった。その植民地過程で行った日本の歴史総体の問い直しなくして、少なくとも朝鮮や台湾に住む人々の日本への厳しい眼差しは消えることはないであろう。

問題は、このような歴史の事実を直視しようとせず、朝鮮と台湾は日本に統治されたことによって開発と近代化が大いに進み、日本の植民地政策に感謝している人も多いのだ、と受け止めている傾向が依然として強いことだ。確かに、両国では日本との関係で恩恵を受けた一部の特権階級に属する人たちも少なくなく、そのような感想を抱いている人が存在することも否定できない事実ではある。しかしながら圧倒的多数の人々は、日本の弾圧・抑圧政策の事実を熟知しているし、その被害体験を通して帝国日本の実態を知るがゆえ、かつての日本の統治支配には決して幻想など抱いていない。

このところ、マスコミではいわゆる「拉致報道」が、各メディアが競うようになされている。確かに、拉致被害者の立場に立てば、やり場のない怒りを抱かれていることは想像に難くない。しかし、ここで一点私たちが気をつけておかなければならないのは、なぜかくも「拉致報道」が繰り返えされるのかという問題である。そこでは、ある種、政治的な意図を感じざるを得ない。拉致事件を認め、一定の謝罪をも行った朝鮮民主主義人民共和国（以下、北朝鮮）に対し、その国家犯罪の恐ろしさを過剰に煽り立てる。それは、批判というか全否定に近い論調だ。

先の日朝首脳会談（二〇〇二年九月一七日）時における「平壌共同宣言」の意義を積極的に評価し、確かに依然として多くの問題を抱える北朝鮮を孤立化させないで国際社会の場に招き寄せることが、本当の意味での平和的かつ友好的関係の樹立に繋がるのだ、という前向きの姿勢を拒否し続ける日本政府の存在が目立つ。今回二回目となる訪朝が、この姿勢の転換となることを期待せざるを得ない。

それにしても、北朝鮮問題をカードにして、政治的思惑を達成しようとする政治家や集団の存在には不気味なものを感じる。拉致被害者の家族で結成された組織も、これまたある種の政治的動員の対象とされている現実があるが、一体その背後にどのような政治的な意図があるのだろうか。

軍国主義への誘い

過去における日本の植民地統治の犯罪性を帳消しにするかのように、拉致という、それ自体は決して許されない国家犯罪を過剰に煽り立てるなかで、北朝鮮が極めて危険な国であって、この地球上に存在してはならない国家とでも言うような、ある種抹殺の論理が堂々と罷り通ろうとしている。

二三〇〇万人以上の人々が暮らす北朝鮮という国家を犯罪者の集団と見なすキャンペーンの意図するところは、一つには過去の日本の戦争責任、具体的には三六年に及ぶ朝鮮植民地支配下で実行された朝鮮文化の抹殺など、過去の犯罪を決定的に闇の中に放り込むことだ。そのことで過去の清算を永続的に回避すること、それによって植民地支配自体の犯罪性から解放されて、戦前国家の肯定的な捉え返しに拍車をかけようとすることにある。

二つには、日本の具体的で現実的な「敵」や「脅威」、あるいは「危機」を設定することで日米安保体制を恒久的に存続させ、同時にその正当性を確保するために、北朝鮮という存在を格好の「敵」として日本国民に認識させるという意図があるだろう。二一世紀は、明らかに国家という枠組みのなかに人々が押し込まれるのではなく、国家を超えた国際的な共同体が形成されていく世紀となるはずだ。そのような動きは、ヨーロッパのＥＣをはじめ、その萌芽の事例は数多くある。つまり、従来型の「国民国家」の枠組みが揺らぎ始めているのだ。

そのような事態に歯止めをかけようとする人々は、一層強度な「国民国家」を形成していくために、ことさら国家主義やナショナリズムを強調しようとする。教育基本法の「改正」によって「国を愛する心」を啓発しようとする試みは、言うならば新たな「国民国家」日本を生み出していくための手段としてある。そこでは、極めて偏狭なナショナリズムに流れてゆく可能性が大であり、異文化との交流や融合のなかで、共生・共存の思想を逞しくしていこうとする普遍的な視点が欠落していくばかりである。

かつてナチス・ヒトラーが国の内外に「ユダヤ人」という敵を設定し、これを徹底的に抹殺していく過程のなかでドイツ人第一主義、ゲルマン国家第一主義を掲げて戦争国家ドイツとなっていった。それと同様に日本も戦前期においては天皇を頂点とする天皇制支配国家を構築することで、非常に堅固な国民国家日本を築き、この国家体制に包摂されようとしない思想、組織、団体、個人などに対し、徹底した抑圧や弾圧の限りを尽くしたことは歴史が証明するところだ。

そこでは多様な価値観や思想などが排除され、単一の価値観や思想が上から振り下ろされ、国民はそれを甘受することによって、初めて生活の場を保証される状況に追い立てられていった。それを私たちは、軍国主義体制と呼ぶ。その意味で言えば、今日における北朝鮮やイラクなどに象徴される「敵」の設定の意味するところは、極めて危険な軍国主義への誘《いざな》いと言って良い。

負の歴史を正面から見据えること

「抹殺」という言葉が、かつて日本の朝鮮植民地支配の時に使われたことがある。それは直接に人の命を奪うという事だけに止まらない。朝鮮の人たちが持っている文化・伝統を朝鮮人から教育や法律などによって奪い尽くし、消滅させてしまうことだ。例えば、ソウルを流れる漢江《ハンガン》や市内を一望できる南山《ナムサン》の、現在はソウル・タワーというソウルの観光スポットになっている場所に、日本は朝鮮植民地統治時代に東洋最大の神社である「朝鮮神宮」を建立し、朝鮮の人々に神社詣でを強制した。

それればかりでなく、朝鮮の人々に事あるごとに東京の皇居の方面に向かって宮城遥拝《きゅうじょうようはい》をも義務づけ、朝鮮人に日本名をつけさせたりもした（創氏改名）。これらはまとめて皇民化《こうみんか》政策と言うことはよく知られている通りだ。台湾においても、実は朝鮮よりも早くから、皇民化政策を強行してきた。このように見える形だけでなく、見えない形においても、大変な暴力を行なったこの国の過去の歴史がある。

拉致事件は北朝鮮も認めたように間違いなく冷戦時代のなかで起きた国家犯罪であり、それがどのような経緯で実行されたかにかかわらず、そのこと自体到底許されるようなものではない。しかしながら、だからといって北朝鮮への敵愾心《てきがいしん》を過剰に煽り立て、北朝鮮をこの地球上から抹殺することをも正義だと言い張る議論には与《くみ》することはできない。

それはこの国がかつて行った蛮行ゆえに北朝鮮を責める資格がない、という議論とも違う。そうではなく、この国の過去の負の歴史を正面から受け止め、徹底的な反省と教訓化の作業を行うことで、過去の植民地責任、戦争責任、強制連行責任など多くの責任を、平和の創造という働きのなかで果たしていくことが何よりも求められていると自覚すべきなのだ。

ところが、過剰な敵愾心の煽り立てが、そのような責任意識を葬ってしまう。私たちは、なぜ、北朝鮮の指導部が拉致事件や不審船をはじめとする国際法違反を繰り返すのか、むしろ冷静になって考えるべきである。日本はアメリカと一緒になって、戦後韓国への集中的な経済的支援、政治的な同盟関係の強化を急ぎながら、北朝鮮には徹底した差別政策、敵視政策を採用してきた。アメリカや日本だけでなく、多くの西側諸国が、これまで北朝鮮の孤立化政策に専心してきたのである。

そのため北朝鮮は、中国など一部の国家としか連携できない孤立した国家として国際政治の片隅に追いやられてきた。いわば、冷戦時代のなかで徹底した陰湿な「虐め」にあってきたとも言える。そのように虐められ続けた国家が、その弱小な経済力ながら軍事力などで身を構えざるを得なかった点も否定できない。その手段は決して認められないとしても、そこまで北朝鮮の孤立化に手を貸してきた日本の戦後責任も同時に問題にすべきであろう。

脅威設定は何のためか

そのような課題を棚に上げて、なぜ執拗な北朝鮮叩きが繰り返されているかというと、そこには日本政府のある種の思惑が存在するように思う。それは、「北朝鮮は脅威の国だ」という理由づけによって、日本を再び軍国主義の時代に押し戻すという大きな流れが意図されていることだ。

この日本が今回のように国外に過剰なほどのメディアを動員しての脅威を設定しようとする、ある種の国家体質は今に始まったことではない。戦前においては明治国家が成立して間もない頃から「眠れる獅子」として中国（当時は清国）に対する恐怖心や脅威論を煽り、その中国に備えるという口実で軍備の拡大に奔走した。そして、日清戦争に勝利した後、今度は「世界最大の陸軍大国」ロシアの脅威論を繰り返し、露探《ろたん》（＝ロシアのスパイの意味）が国内に潜伏し、日本への侵略の機会を窺っている、とする徹底した反ロシア宣伝を繰り返すことになる。

その後、日本の第一の仮想敵国は、陸軍がロシア革命以後はソ連となり、海軍はアメリカとなった。それ以来、日本は赤色革命への恐怖感を強調し、その一方ではアメリカの「太平洋国家」への道に対する警戒心を説き続けることになる。それで日本軍部はソ連の対日侵攻シナリオを意味する「一九三五・六年危機説」の喧伝の流布に躍起になった。さらに、アジア太平洋戦が開始される前後から、「鬼畜米英」や「ＡＢＣＤ（アメリカ・イギリス・中国・オランダ）包囲網」のキャンペーンが張られ、国内においては戦争に向けた物的かつ人的動員を押し進めることになる。

要するに、この国の人々は、政府や軍部が恣意的に設定した「危機」や「脅威」を前に沈黙を余儀なくされ、精神も思想も自由に表現することが許されなくなっていったのである。

こうした政治の手法は、戦後においても基本的には変わっていない。例えば、戦後の日本が最初に設定した脅威対象国は中国だった。ところが、一九七二年に日中国交回復への第一歩が踏み出されるや、次の脅威対象国がソ連に変わった。そして、そのソ連が一九八八年に解体すると、今度は北朝鮮が脅威対象国とされることになった。なぜ、かくもこの日本は常に脅威を外に恣意的に設定するのか。

要するに、この国は常に脅威を外国に設定する事によって、私たちが本来は自由に交わらなければならない多くの国々の人たちとの関係を断つような仕組みが出来上がってしまうのだ。その仕組みを多くの人々が支持してしまう、受け入れてしまうような軍国主義的な文化が、実は戦後逸早く成り立ってしまった。私は、その延長として北朝鮮脅威論が派生する歴史的な背景があるのではないか、と考えている。

求められる歴史の体験とは

北朝鮮が行なった拉致や不審船や様々な行為は、もちろん国際法から見ても、平和を求める私たちの思いかからしても到底許すことはできない。だが、その事によって日本の過去の歴史に目を閉ざし、さらには他者・他国家・他民族・他思想など、「他」との間に最初から無条件に近い形で垣根をこさえてはならない。その垣根を政策の次元であれ、心の中の次元であれ、高く張りめぐらしていては、本当は見えるものが見えなくなってしまう。自らの内に他者との垣根を高くすればするほど、他者との交わりも理解もできようがないはずだ。

私には、今日の過剰な拉致報道によって、北朝鮮の実態が明らかにされる一方で、他方では日本が再び飛び越えられないほどの垣根を築き上げてしまっているのではないか、と思えてならない。それこそが、戦前の時代状況との類似点と言えよう。その高き垣根を飛び越えようとする者や思想あるいは運動を弾圧という形で引きずり降ろそうとする国家の行為によって、戦前の人々は高き垣根の内側に逼塞《ひっそく》しなければならなかった。

これだけ情報化社会や国際化時代と言われながら、この国の人々が置かれた状況は、戦前と本質的には大して変わっていないのではないか、などと指摘せざるを得ないのだ。その点からすれば、現在の日本は北朝鮮の人々が置かれた位置と随分と共通点すら見出すことができよう。

それでは、なぜこのような歴史認識の欠落とでも言ってよいような問題が生じてしまうのだろうか。なぜ、戦後の歴史教育だけでなく、戦後の日本はこのような歴史の実態に目を瞑《つぶ》り続けてきたのだろうか。

それは先のアジア太平洋戦争の総括の仕方が極めて政治主義的な判断に偏っていることに一因があろう。つまり、先の戦争はアジア、とりわけ第一に中国との戦いに国力を消耗し、その中国との戦いの延長として対英米戦争が生じたのにも拘わらず、戦後多くの日本人は、それはアメリカの物量作戦に敗北したのだと総括してしまったのだ。そうした総括を日本に迫ろうとして、戦後日本を占領したＧＨＱ（事実上はアメリカだが）が敗戦後は先の戦争を「太平洋戦争」と呼ぶよう布告を出した。

アメリカとしては、戦後日本を間接統治していくため、日本が連合国にではなく、あくまでアメリカに敗北したのだから、日本を実質統治する権限はアメリカ一国に存在するのだ、とする構えを崩そうとしなかった。アメリカは日本をソ連や他の連合国の介入を排除して単独占領するために、国力が疲弊して事実上戦力も壊滅していた日本に二発もの原子爆弾を投下したのである。そこまで単独占領にこだわったのは、もちろん戦後の米ソ冷戦を睨んでのことであった。

そのようなアメリカの思惑も手伝って、日本人は先の戦争はアジアとの戦争の結果敗北した、ましてや台湾や朝鮮などの植民地経営が足を引っ張った、などとはゆめゆめ考えられなかったのである。植民地経営によって、一部の資本家が国策に便乗して莫大な利益を掴んだケースもあったものの、国家全体から言えば、駐屯する軍隊の駐留経費や抗日運動の弾圧や抑圧に大量の軍事力や警察力の動員が不可欠であったこともあり、却って莫大な費用がかかってしまった結果、貴重な国費が流出し国力の衰退に拍車をかけることになっていった。

つまり、先の敗戦はアジアとの関わりにおいて主要な原因があり、アメリカとの戦争による敗北は、言うならば最後のトドメであったに過ぎない、という捉え方のほうが正確だろう。ここで私たちが考えておくべきことは、その意味でアジアとの戦争の原因、展開、結果を歴史事実に従って正確に認識することなのだ。

そのまっとうな努力をほとんどなさないまま、戦後の日本人は再びアジアを忘れ、日本人自身が「戦勝国」と積極的に認めるアメリカの物量に目を見張り、二度と敗戦の憂き目に遭遇しないためには、アメリカのような国家になることが一番だと信じるようになった。つまり、沢山のモノを生産することのできる工業国家が、戦後日本の目標となったと言うことだ。モノづくりへの特化だけではなく、アメリカの生活様式から政治制度や政治思想までが模範となっていったのである。

その過程で日本の対アジア認識は希薄化する一方で、貿易輸出相手国として、文字通り集中豪雨的な輸出攻勢をかけながらも、アジアの人々と目線を等しくすることを頑なに拒否してきた。いつの間にか日本も日本人もアメリカの肩越しにしかアジアを見ようとしなくなっていたのである。

かつて明治国家が近代化を進めるにあたり、福沢諭吉は『西洋事情』のなかで「脱亜入欧」なる言葉を用いたが、この表現を借りて言えば、戦後の日本は「脱亜入米」とでも言える転換をやってのけた。それで、アジアへの侵略戦争も敗戦体験をも教訓化し、精算する試みを放棄してしまったのである。

そのような日本人にとって、台湾との植民地戦争の歴史事実も、朝鮮併合前後における日本の朝鮮政策の歴史事実も、全くと言って良いほど関心の外にあった。それゆえに一九八〇年代頃から問題となって浮上してきた従軍慰安婦問題や強制連行問題など、封印されていた歴史事実が次々に明るみに出るや、随分とお粗末な拒否反応が多くの日本人や日本政府から出されることになった。かつてある歴史家が、「歴史を忘れた民族は歴史によって制裁を受ける」と言った意味のことばを残しているが、歴史を軽んじることは、私たちのこれからを軽んじるばかりか、その歴史によって手痛い仕打ちを受けることになるに違いない。

（書き下ろし）

2　新たな「準戦時体制」の時代を迎えて

「準戦時下」に入った日本

私は現在の日本が、すでに「準戦時下」に入っているとみている。もちろん、戦時というものをどのように捉えるかによって、それは戦時とはいえないかもしれない。戦前においても「準戦時体制」という言葉が使われたが、同様に今日的状況も、強いて言えば「準戦時体制」と呼ぶにふさわしい。戦時体制であれ準戦時体制であれ、それが具体的にどのような時代状況を示すものか指摘することは比較的に容易である。

日中全面戦争は、一九三七（昭和一二）年七月七日から開始されるが、それより少し前あたりから「準戦時体制」、つまり戦争ではないけれども、戦争に近い状態だと言われるようになったのであり、日中全面戦争の翌年に国家総動員法が公布されてから本格的な戦時体制に入ったとされる。

それで強調しておきたいことは、「準戦時体制」という時代状況は一体いつ頃から始まっていたのか、ということだ。一九二〇年代後半にかけて世界恐慌が日本にも波及して不況が深刻化していくなかでだんだんと軍部の力が強くなり、一九三一年九月の満州事変によって一気に戦争とファシズムの時代を迎える。

さらに、翌一九三二年五月には犬養毅政友会内閣が青年将校のテロによって倒され、その結果として政党政治に終止符が打たれた（五・一五事件）。続けて、一九三三年三月には日本が国際連盟から脱退したのを機会に、日本国中に「非常時」のかけ声が高まる。それと同時に天皇を頂点とする「国体」が強調され始める。日本国家はあくまで天皇中心に運営され、精神面での価値の源泉としての天皇、軍事面での最高司令官としての天皇など、天皇の大権が前面に押し出されることになる。

このような動きに拍車をかけたのが、一九三六年二月に起きた二・二六事件だった。問題はこの間の五年から六年間の期間のうちに様々な事件が起きるなかで、当時の日本がだんだんと「準戦時体制」から「戦時体制」へと転換していったことだ。それが毎年幾つかの事件を媒介にしていたため、戦時体制への転換がある意味では、多くの日本人に知覚することが可能であったわけだ。何か恐ろしい事が始まりそうだ、といった不安感や恐怖感を誰もが少なからず感じ取っていた。しかし、そのことを誰も本気で語ろうとしなかった。また、語ることもある意味では不可能だったかも知れない。

日々の生活を懸命に生きるだけで精一杯で、時代状況の悪化の現象に気づいていても、どうしようもなかったというのが、おそらく当時を生きていた人々の実感であったろう。そうした共通認識というか共通感覚というものが存在していたことも想像に難くない。平時から準戦時、準戦時から戦時という転換に基本的には抵抗不可能な状態に追い込まれたまま、そうした時代状況を受け入れざるを得なかったのだ。こうして知覚可能なのに、これに抗することができなかったという痛覚だけが、戦後になって心ある多くの人々の心に刻まれていったのである。

歴史認識の不在性ということ

ここでの問題は、このような痛覚が戦後の時代状況のなかで活かされてきたかというと、そうとは到底言い難いことだ。どのような経緯を経て平時から戦時に変転していくかについて、もっともっと敏感にならなければならないのに、その敏感さが不在なのだ。その理由は、一体どこにあるのだろうか。

日本および日本人は、中国との足かけ一五年間に及ぶ戦争、いわゆる「日中一五年戦争」への関心が、当時から希薄ではなかったのか。別の言い方をすれば、そこに自責の念が希薄ではなかったか、と思えるのだ。日中一五年戦争とは、戦後の歴史研究の蓄積のなかで定着していった呼称だが、当時多くの日本人には中国としているのは「戦争」ではなくて、当時の言葉で言えば、日本の言うことを聞かない「暴支《ぼうし》」と呼んだ中国を「膺懲《ようちょう》」する、つまり、「懲《こ》らしめる」とか「お灸を据える」といった感覚であった。その結果として、事実上の侵略戦争に加担していったのである。

そこには明治近代国家が形成されていく過程で培われた、傲慢かつ高圧的な対中国認識や対アジア認識が根底に存在したことが大きな背景をなしていた。その一方で、日本は資源小国であって、中国などから資源を確保するのは急務であり、最終的には軍事力に訴えてでも獲得することが不可欠だとする認識が定着していく。そのような身勝手な認識は、日本政府の巧みな世論操作や日本や中国を取り巻く国際情勢の現実によっても深められることになったのである。

例えば、日本政府が最後まで中国には宣戦布告していないが、これは一旦国際法に則って宣戦布告をすると、第三国からは資源の供給を仰げなくなるためであった。アメリカにしても、そのような日本政府の態度を暗黙のうちに当初は支持していた。アメリカの資本にとっても、日本は大切な貿易相手国であったからである。

いずれにせよ、日本人には中国との戦争が開始されてからもアメリカから石油や屑鉄、それに工作機械などが輸入されており、極端に言えば悪いのは中国である、といった程度の認識で、事実上の侵略戦争に加担していった。戦後になっても、このような実態が存在したために、いつまでも多くの日本人には中国との戦争認識が極めて希薄であった。しかしながら、当時の現実は日中戦争が泥沼化し、そこからどう足掻《あが》いても抜け出せなくなってしまったのである。

簡単に日本の勝利によって終息すると勝手に思いこんでいた人々は、その時初めて自分たちが大変な時代に放り込まれている、立たされていると知覚し始める。一銭五厘の赤紙を自分や自分の夫が手にするや、「戦地」や「出征」という言葉が現実生活のなかに入り込んできた。一体、それまで戦争をどのように捉えていたのか、なぜ、そのような戦争体制にはまり込んでしまったのか、やはり心ある人々は考えざるを得なかったのである。

遅きに失したかも知れない。しかし、獲得された教訓は、戦争が平時にあって音を立てず、いつの間にか忍び込んできて、そこで増殖を繰り返し、ある局面で一気に浮上するまでは多くの人の思考回路には入りにくいものだと言うことだ。戦前期日本では、先ほど挙げたような歴史的事件が次々と起こり、人々に先行きの不安感を与え続けておきながら、それでも多くの日本人が予期しなかった中国との全面戦争に突入していった。

その延長に日英米戦争にまで至るとは、一九四〇年代に入るまで、圧倒的多数の日本人にとって想像できないことであった。「帝国陸海軍は本日未明、西太平洋において戦闘状態に入れり」とする大本営発表のラジオ放送を聞くまでは現実に日米戦争が起こるとは思いもよらなかったのだ。戦争とは、本来そういうものなのである。

進行する戦争構造の日常化

翻って今日の状況を見ても、事は全く同じだと思われる。二一世紀を迎えたいま、大変な不景気な時代、そして、多くの人々の心に取り憑いた閉塞感、先行きへの不安感、さらに拉致事件や大量破壊兵器の保有問題などによる対外脅威感の植えつけなど、一九二〇年代後半の時代状況に極めて類似した時代環境のなかに私たちは置かれている。

確かに、現時点では一九三一年の満州事変や、一九三二年の五・一五事件、一九三六年の二・二六事件のように、自衛隊（＝軍隊）によるクーデターが起こる可能性は小さいかも知れない。しかし、そのようなドラスティックな手法によらない別種の方法によって、私は私たちが充分に知覚できないうちに、いつのまにか日本は「準戦時体制」に入っているのはないか、と思うのだ。

その指標《メルクマール》は何かと言えば、その最大のものは有事法の登場であろう。この場合有事法というのは有事法制関連三法だけに留まらない。一九九九年八月の周辺事態法も、二〇〇一年一〇月のテロ対策特別措置法も、そして、すでに市民法の顔をしつつ、実際的には有事法と捉えてよいような「有事法」を、この国はすでに数多く抱え込んでいる。

例えば、大規模地震対策特別措置法も、地震対策立法としての性格だけではない。それは地震予知を口実に一定の地域内が災害出動する自衛隊によって「制圧」されてしまう、いわば地域戒厳令の一種としての性格を多分に秘めている。安全確保を名目に、私たちの人権が恣意的に棚上げされる危険性を秘めた法律という意味では、まぎれもなく有事法としての性格を色濃く持った法律としてある。

そこには市民の人権を保護しつつ、災害の危機から救済するという市民法的発想が完全に抜け落ちている。安全確保のためには全てが優先される、といった極めて乱暴かつ粗雑な議論で人権が一蹴されることに、この国の人々は順応してしまっているのだ。それ故に、正真正銘の軍事法が登場してきても、「安全確保」のためならば甘受することも吝《やぶさ》かでない、といった空気がかくも簡単に有事法支持の流れとなっていくのである。

ここで強調しておきたいのは、この国は戦後日米安保体制下において、常に有事法を生み出す土壌ができあがっており、いわば次々と有事法を制定していくなかで、言うならば音を立てずに〈法によるクーデター〉によって、この国の戦時体制化が進行していることだ。戦後の日米安保体制史などをつぶさに検討すれば、そのことを確信するばかりである。

その意味で言えば、戦前は轟音を立てての暴力的な軍事体制化が進行したのに対して、戦後はそのような手法が採用されていないだけだと言える。この国の軍事体制化を図ろうとする人たちは、過去をしっかり教訓化しているのだ。そのような手法が、戦後民主主義や平和憲法のなかでも深く潜行していたことへの気づきが不充分であった。そのことが、今日のような事態を招いてしまったのではないか、とさえ思われてならない。

憲法原理の強化の方向で

もう一点指摘しておきたいことは、戦後民主主義や平和憲法への過信や依存が、本物の平和構築や、軍事体制化を阻むエネルギーを殺いできたのかも知れないことだ。その意味で、私は無条件の護憲論者ではない。ましてや戦後民主主義に何らの幻想も抱いてはいない。むしろ、戦後の民主主義や平和憲法の位置づけについては批判的な立場である。

誤解を恐れずに言うならば、私は現行憲法をいずれは転換すべきだとさえ考えている。もちろん、第九条の恣意的な解釈づけを許さない絶対平和や非暴力主義の理念を中核に据えた憲法原理を構想したいのである。そこでは「第一章　天皇」の章について、根本的な見直しが当然ながら必要となる。

軍国主義の温床としての天皇制を残置するために、日本の徹底した非軍事化政策の実現を求めた第九条が用意された、とする有力な見解が示すところは、要するに天皇と第九条がワンセットとなっているような憲法の実態をどう改編していくのかという問題である。天皇制残置へのイギリス、オランダ、中国など、アメリカと一緒に日本と戦った連合国側からする批判、すなわち天皇制こそが日本軍国主義を生み出す母胎とする批判を封じ込める必要から、日本軍国主義復活への歯止め策として第九条が構想され条文化された、とする歴史解釈をいま一度捉え直す機会ともするべきであろう。

そのような歴史解釈や経緯はともかくも、私が強調しておきたいのは、バーゲニング（取引）の一環として成立した消極的な平和条項ではなく、第九条の存在そのものが軍国主義の温床である天皇制自体を許容しないような確固たる平和条項とするために、積極的かつ普遍主義的な内容に切り替えるべきだということだ。

ところが、戦後の平和運動のなかで、このような問い直しがどれだけ真剣になされて来たかと言うと、途端に心許ない感じがしてならない。実は真剣に問うて来なかったのではないか、とさえ思われる。私の造語ではないが、ややきつい表現ながら、平和憲法に「ぶら下がって」いただけではないか、ということだ。平和を創るためには、平和憲法を護り続けるだけでは駄目だったのだ。この「憲法ぶら下がり」状態から脱して、大切なのは平和憲法に示された理想や理念を実践していくプログラムを創り、運動を通して活かしていくことだったのである。

その限りにおいて、憲法第九条も決して金科玉条の条文としてはならないということだ。問い直し、補強し、鍛え直すという努力を充分にせず、ただ一点に立ち止まって〝神棚に据え置く〟というような状態では、GHQ権力が用意した天皇残置論から実態化された戦後天皇制の護持にひたすら手を貸すだけだ。第九条を護るために、天皇制をも護り続ける結果となってしまったことは、客観的な事実である。少なくとも天皇と第九条のワンセット論からすると、そう指摘せざる得ない状況がある。この点は運動レベルでも研究レベルでも、同時に今後大いに議論すべき点であろう。

私は一定の評価をしつつ、戦後の平和運動や護憲運動のなかにも、戦後の民主主義の動きのなかにも、現在進行している戦時体制を知覚することを不可能にさせてしまうような、そのような論理や思想を培ってきたのではないかと考えている。だから、戦時体制化を許してしまいつつあると。その点からすれば、戦時体制化を阻むためには、戦後民主主義を再検証し、平和憲法を再定義していく作業や論理を築いていく必要があるのだ。

『もの食う人々』など優れた作品を相次ぎ発表してきた作家の辺見庸が言う「戦争構造の日常化」という憂うべき今日の状況への指摘は、恐らくこの辺にも存在するのではないか。「戦争」というのは、何も砲弾やミサイルが飛び交う状態だけを示しているのではない。

それは、軍事的なる価値観や物言い、行動に肯定的な対応をなそうとする政府や個人の意識に内在するものも含む。それはまた暴力への限りない肯定感に帰結するところの否定すべき思想であり、心情でもある。他者（他国家、他民族）と暴力を介在させて対置し、抑圧し、抹殺しようとするものであり、差別と抑圧の感情を絶えず生み出していく論理を絶対化するものだ。

このような意味をも含めて、私たちの国や社会は、すでに戦争に象徴される暴力が大手を振って歩き始める場になりつつあるのである。それこそが、「戦争構造の日常化」という意味ではないか。戦争状態がすでに「構造化」してしまっているから、換言すれば流動化の状態から構造化・固定化の状態に入っているがために、これまたなかなか知覚できないという状態が続いているのではないか、ということだ。

私は辺見の指摘をも受け止めていく必要を痛感している。構造化したものを解体するのは大変なエネルギーを必要とするが、そのためにはなぜ、戦争状態が構造化するまで、私たちは気づくことができなかったのかを問うことなしに、これを解体し、構造化された戦争状態から解放されるための糸口は見つけようがないであろう。

（書き下ろし）

本格的な軍事法制づくり

有事法制関連三法の出発点は、五〇年も前に開始された日本再軍備と安保条約締結に求められる。それ以来、今日まで目標とされてきたのは、強化されていく自衛隊が米軍との共同軍事行動の円滑化に不可欠な有事法制（=軍事法制）の整備であった。米ソ冷戦の時代、自衛隊は「専守防衛」を基本スタンスとしていたが、ポスト冷戦の時代を迎え、そのスタンスを大きく変えたのである。

そこでは、「武力攻撃事態」、すなわち、「日本有事」が「周辺有事」の発生を前提としていることで判るように、「護り」の軍隊から「攻め」の軍隊へと舵を切ったのである。

本法は自然災害や石油・食糧の途絶などの経済危機をも含め、あらゆる危機（有事）に対処する法として登場してきた。そして、有事に対処するための対策本部は、事実上〝最高戦争指導部〟としての機能を持つことになり、首相の指示権は地方自治をも完全に封殺する力を発揮する。

自衛隊法「改正」で人も物も戦争を目的として動員し、日本有事対処に重点を置いていた。ソ連の崩壊後、アメリカはアジアへの関与と拡大の戦略を掲げ、同盟国日本の役割を一気に膨らませた。そのアメリカの期待に応えるために有事法制を整え、実行力を持たせるために懲役や罰金などの罰則規定が盛り込まれたのである。

また、自衛隊やアメリカ軍の軍事行動を円滑に実施するため、政府や自衛隊が「公用令書」を国民に振りかざし、戦争協力命令の強制を可能とするものである。これは長らく有事法制の懸案であって、政府・防衛庁も従来は自制していたものの、本法案では極めてストレートな表現でこの難題をクリアしようとしている。政府・防衛庁は従来は懸命に打ち消そうとしていたが、こうした罰則規定による動員の強制ゆえに、戦前の国家総動員法との同質性を指摘されているのである。

もう一つの特徴は、その治安立法としての側面である。第二条第六項（対処措置）の「イ　武力攻撃事態を終結させるために実施する次に掲げる措置　（1）武力攻撃を排除するために必要な自衛隊が実施する武力の行使、部隊等の展開その他の行動」の個所での「その他の行動」が、マスコミや政党、市民団体の諸活動を対象とし、これを排除する含みを持っていることだ。軍事法制は国民動員体制を必然とする以上、治安立法の性格を多分に秘めたものなのである。

本法案は危機対処や武力対処を口実とする本格的な軍事法制づくりの第一歩である。ひとたび軍事法が創られると、これを補完すると称して、次の軍事法制が整備されていくはずだ。そのことは憲法に掲げられた平和の原理を否定するばかりか、戦後積み上げてきた国際的な信用すら失いかねない愚行である。いまこそ、有事法制による軍事的安全保障論ではなく、平和原理を根底に据えた平和的安全保障論を打ち出していくべきであろう。

（『中日新聞』二〇〇二年五月二二日）

3　派兵国家化の道程を振り返る

派兵国家への道を切り開く法として

小渕恵三内閣の時に地方分権一括法という、文字通り数多の法律を一緒くたにして一気に可決成立させた法律があります。私は、それこそ軍事社会への道を切り開くためになされた法律だと考えています。

その法律は、非常に無謀なやり方というか、国民をかなり愚弄したやり方で強行採決されました。地方分権一括法は簡単に言えば、地方分権、地方主権というのは名ばかりで、中央集権体制を厳しく敷いてしまおうという法律なのです。ですから名前こそ地方分権一括法となってますが、地方自治法を潰すに等しい法律であったのです。

地方自治法は、一九四七年四月に公布された法律です。例えば、大阪府の知事も私の住んでおります山口県の知事も、府民、県民が公選をして選出していますが、戦前では各県の首長は内務省から任命されてきたのです。そのような形で戦前期には中央集権体制が敷かれ、そのことが戦争国家への転換を容易にさせたという反省から戦後は地方自治法を創り、首長を公選制にした経緯があります。地方自治体の首長は、地方自治体住民の安全を確保することを最優先することが、この国を戦争国家へと転換させないことになる、とする考えが根底にあったのです。地方自治法とは、その意味で地域から平和社会を形成するための、きわめて重要な法律でした。

ところが、その地方自治法の目的を反故にしてしまおうとするのが地方分権一括法だったのです。大阪府には、幾つもの大阪府の管理下にある港があります。岸和田港なんかもその一つですね。山口県にも徳山港、下松港、岩国港など、結構規模の大きな県の埠頭があり、その管理責任者はもちろん県知事です。

もし有事の際に県民の施設である施設が平和目的ではなくて、明らかに軍事目的に使われるという可能性がある場合には、それまでは首長が嫌だと言えば国に使用させない権限があったのです。地方分権一括法や、さらにはこの度の有事法制においては首長の権限を事実上奪ってしまう内容が盛り込まれたのです。首長が使わせないと言っても、内閣の行政権で代執行までやって国が強制使用する権限が与えられたのです。これでは、管理権者としての首長の立場を事実上形骸化するという事になるのです。この法理論で言えば、私たち府民や県民の施設が軍事目的にも供されるということを意味します。ですから、これは明らかに地方自治法の精神を真っ向から否定するものなのです。国家機構の再編は、幾つかの法律の中で着々と準備されているのです。

表向きには、省庁再編でスリム化を図る式の報道ばかりなされておりましたが、実際にはこの国の戦後五〇年間続いてきた地方分権システムを大きく解体し、いつでも国がすべての自治体施設をも好きなように使うという企図の下に成立した側面を見逃してはならないと思うのです。そのことは同時に、日米安保の関係でアメリカ軍も好きなところを使えるというです。日本本土が自在にアメリカ軍や自衛隊の基地や施設として使用される仕組みができ上がっているのです。

〈国民監視法〉の狙いは何処にあるのか

次に、〈国民監視法〉あるいは〈国民統制法〉とでも括《くく》れる法律が目白押しで、そのことにも触れておきたいと思います。そういう法律というのが、実は一九九九年あたりから次々に出てきているわけです。それに治安弾圧法整備というのは、これもまた少し時間がたっていますが、その代表例が「盗聴法」と言われた組織的犯罪対策関連法です。通信傍受法と言いなさい、と政府は一生懸命言ってるんですけれども。要するに、国家の盗聴という行為を合法化する法律です。

国が国民を監視するというシステムを起動させるということで、盗聴法反対運動がかなり厳しく行われたのですが、これらの法案は通ってしまいました。もちろん、これだけじゃありません。メール通信をやられる方は多いと思いますが、これに対しても入れるということが、今技術的にも可能ですし、そのための法律案が検討されています。

それとの関連で言えば、住基ネットの問題も出てくると思います。もちろんこれは国民総背番号制度の問題というレベルから、随分前から大きく問題になっておりますけれども、住基ネット問題に関わる方はよくご存じのように、最終的には多くの個人情報が国に提供されることになるのです。その設定内容は私も大体掴んでおりますが、もちろん家族構成なんてそういうレベルではなくて、病歴や学歴なども含まれることになります。病歴などの病院のカルテも強制的にインプットさせられるというような状況が来るのも、もう時間の問題です。政府サイドがアクセスして情報を入手することができます。そして、それによって戦争に動員させようとする人々が抽出されて、動員がかかるわけです。

つまり、住基ネットというのは全面的動員というより部分的かつ個別的な動員システムを立ち上げるための、一つの非常に有力な手段としてあるわけです。もちろん、具体的に戦場に持っていかれるとか、国内の軍事物資などの移動のために、いわゆる軍役とでも言える強制的な軍事動員を円滑ならしめるための一つの方法として、こういうのがあるというのは間違いないのです。

もし住民サービスの向上というのであれば、例えば役所などの、コンピューターの端末を整備するとか、公務員の数を増やすとか、様々な方法があるわけですが、それは最初からやろうとしないのです。そういうその機械に頼ることによって公共サービスを厚くするというのは、言ってみれば正当化するための口実にすぎないのです。

このようにみてくると、住基ネットは根本的には軍事的な思想がその根底に流れているように思います。一個の人間が国家に資する存在としてデータ化されること自体が、すでに軍事的な発想です。人間の歴史の営みのなかで求めてきた、人間が人間として自由に一定の節度を持ち、そして自らの思想と信条に忠実に生きていける社会の実現という目標とは、大分距離があるように思います。それればかりか、それと逆行するような発想や論理を認めることはできないと思います。

国民の思想・精神の動員ということ

住基ネットが市民への行政サービスの向上と充実に名を借りた国民統制と動員の行政的手段とするならば、もっと露骨な形での国民の統制と動員を意図したものが、「国旗・国歌法」に典型的に見られます。これは明らかに戦争国家日本への転換に符合した法律として機能しています。日の丸や君が代が「国旗」とか「国歌」として法制化された歴史事実は明治期のほんの短い期間の例以外にはありません。基本的に戦前国家で全く法制化されなかった日の丸や君が代が、なぜ今日に至って法制化されたのか。

それは歴史の封印という問題として捉えるべきでしょう。たえず日本の戦争責任を問い続ける、ある種のシンボルとして日の丸や君が代の問題がありましたが、これを法制化することで、国家が正式に国家のシンボルとすると宣言した。これは戦争責任や歴史認識という課題追究の対象から棚上げすることが大きな狙いであったのです。その位置をめぐり論争の対象ゆえに日の丸掲揚や君が代斉唱へのためらいが存在していたとしても、それが法律として認定された以上、掲揚や斉唱が義務づけられるという構造を創り出すために、この法律が機能することになったのです。

それで問題は、なぜそのような行為が国家意思として発動されたのか、という点です。国家の側からすれば、その措置は歴史論争の棚上げという消極的な狙い以上に、言うならば国家シンボルとして日の丸や君が代を国民に強制することで、新たな国民国家形成への一里塚と位置づけたのでしょう。

二〇世紀末から本格化している国民国家の解体や脆弱化の危機に対応して、あらたな国民統合のための操作媒体として位置づけ直そうとする動きの一環です。そのことは同時に国民の団結や一体化という戦争国家には不可欠な操作でもあるのです。このような形で国家意思が法制化という手段まで用いて鮮明にされる時、私たちはそこに焦臭さというものを感じ取る嗅覚を持たねばなりません。

戦前期、岡田啓介内閣の時、当時優勢を占めていた天皇機関説、つまり、天皇も国家の一機関であり、絶対的かつ法によっても侵すことのできない存在ではないとする説で、当時の自由主義的な天皇制認識であったのですが、これが軍部やファシストたちによって問題とされ、結局岡田内閣は二度にわたり天皇機関説を否定する声明として有名な国体明徴《こくたいめいちょう》声明を出すことを余儀なくされた歴史があります。一九三五（昭和一〇）年の八月と一〇月の事です。

それでも軍部やファシストたちは飽きたらず、自由主義的な人物や組織・団体への攻撃の手を緩めなかったのです。勢いを得た軍部やファシストたちは、翌年に二・二六事件を引き起こして天皇機関説の立場を採る岡田内閣の閣僚や重臣たちを殺害します。さらには、これを奇貨とした軍部内の統制派はカウンター・クーデターによって、事実上の軍部政権を樹立することになります。

天皇制思想を国民に植え付けるために戦前は国体明徴声明とクーデターという手法が用いられたのですが、今日においては法制化というカードを切ったという違いこそあれ、それは方法論上の相違でしかありません。要するに、天皇制強化の一環として、岡田内閣当時も、今日の国家の選択も同質ではないか、ということを申し上げたいのです。それは結局のところ天皇制に帰結する論理を多分に孕んだ「国旗・国歌法」の成立は、天皇を国家が積極的に定義し、それによって戦後民主主義によってもたらされた自由や平和の思想さえ――それ自体かなり限定的なものですが――、否定しようとする意志を表明したことになります。

教育基本法改悪と天皇制

「国旗・国歌法」の制定過程で明らかになったことは沢山ありますが、それが何よりも教育現場で、敢えて言えば猛威を振るっていることです。国民統制と動員を受容させるための踏み絵として同法は機能しているわけですが、その教育現場において、さらに一定の方向性のなかに収斂させてしまおうとする試みに教育基本法の改悪があります。

それは一口に言うならば「派兵国家」に適合する国民の養成に主眼が置かれていることも間違いないことです。教育基本法改悪の問題は、実に様々な角度から論じなければなりませんが、ここでは天皇制の問題に絡めて少し触れておきます。今教育基本法改悪という策動のなかで、繰り返し俎上に挙げられている教育勅語について検討することから始めましょう。

明治初期の教育政策を追いますと、一八七三（明治六）年九月に学制が発布されました。これは義務教育制度の出発を意味するのですが、その学制の内容は一口で言うと欧米型の近代的な教育システムを導入し、個人の知徳を啓発する場として学校の設立を目的としたものでした。そこでの基本的指針となった内容は、個人の能力を引き出すことに重点が置かれていたのです。教育とは英語ではエデュケイション（education）と言いますね。エデュケイトという動詞には「教育する」「訓育する」という一般的な意味があるのですが、本来は「引っ張り出す」という意味があるのです。

つまり、明治初期における学制で実施しようとしたのは、個人の能力を義務教育制度のなかで「引っ張り出す」ことにあったのです。そこには一方的に「与える」「注入する」「教化する」という意味合いは、少なくとも希薄であったのです。それは長きにわたる封建社会の中で個人の存在が完全に無視されてきたことへの自省のようなものがあったのだと推測できます。個人の能力を開拓していくことを通して、近代国家の構成員である「国民」の質を向上させ、欧米諸国家に追いつこうとしたのです。

そう言うと学制がとても進歩的でかつ個人優位の国家建設が目標とされていたと受け取られてしまいそうですが、そこにはもう一つの思惑が存在しました。それは、個人の質を向上させることによって優秀な兵士を大量に生産するシステムを教育の現場において準備することが狙いともされていたのです。

学制発布と同年の一月に国民皆兵《こくみんかいへい》をスローガンとする徴兵令が発布されたのです。学制と徴兵令が同年に発布されたのは単なる偶然ではありません。つまり、一方では民主的な教育を施し、他方では軍事的な体制を用意する「民主」と「軍国」が同次元の課題だと、明治国家の指導者のなかには位置づけられていたのです。

ところが学制発布の七年後には、こうした学制の基本的指針への猛烈な反発が起り、学制に代わって明治天皇が自ら考える教育方針を示したという形式で教学聖旨《きょうがくせいし》が出されることになります。これは明らかに儒教の教育、例えば、親の言うことは絶対聞きなさいと、個人の前に公たるものが優先すべきであるとするものです。つまり、個よりも公が優先される思想をここで説くことになったのです。

学制発布からわずか七年で、言うならば反動教育が開始されたのです。一八八〇（明治一三）年のことです。そしてその九年後に大日本帝国憲法（明治憲法）が発布され、そこにおいて欧米的な視点からする近代国家形成の方針が打ち出され、教育領域についても、教学聖旨の内容に示されたような反動的かつ復古的な教育方針が再び見直されることになりました。今度は明治憲法に示された「進歩的」な立憲主義に基づく国づくりや天皇の位置づけについて、またまた反動派の巻き返しが始まるのです。

そこで反動派が用意したものが「教育勅語」で明治憲法発布の翌年の一八九〇（明治二三）一〇月に発布されるのです。明治国家の教育史のなかで、単純な言い方をすれば、進歩と反動の繰り返しのなかで、最後は日本の敗戦まで換えられることのなかった教育勅語が、この国の教育方針と天皇及び天皇制の位置を確定することになってしまったのです。

そして、戦後において、このような反動教育のバイブルを廃止して、あえて言えば民主的な教育基本法が親法たる日本国憲法の理念を基底に据えて公布されました。しかし、再び明治期と同様にこれへの反発が随所で起こり続けていたのです。そして、いま改悪作業が本格化しようとしているのです。

「国民国家」再構築への試み

このような歴史の事実を踏まえて言うならば、今日教育基本法の改悪のなかで教育勅語の再評価論が登場する背景を考える場合、明治期の教育政策の流れを知っておくのは無駄ではないでしょう。教育勅語が発布された四年後に日本は本格的な対外戦争である日清戦争（一八九四〜一八九五年）を引き起こすことになります。

戦争国家に適合的な「国民」を養成するために、教育勅語が重要な役割を担うことになったことは間違いないことです。その歴史の時代を超えた共通性について問い直しが不可欠ですし、戦争国家に適合的な「国民」を創り上げ、絶えず天皇イデオロギーが教育勅語を媒介にして発し続けられたことは念を押すまでもないことでしょう。

さて、そのような教育勅語の見直しが教育基本法改悪論議のなかで、なぜ俎上にあがるのでしょうか。教育勅語をを肯定的に評価するトーンを様々な言葉で持ち出してきている背景には、もちろん教育勅語の意義を見出しているわけです。どこに一番意義を見出しているかというと、天皇こそが愛国心を植え付けるための媒体として絶好の存在と見なしていることです。

今日、日本も国際化の流れの中にあって、実に多様な文化や伝統との交流、さらには融合への機会を持つようになりました。その事自体、私たちは「多文化共生の世紀」という認識により積極的に捉えることが不可欠となっているのですが、どうもそのこと自体が彼等には面白くないわけです。

どこまでも日本の文化・伝統を基軸に据え置くだけでなく、それへの一方通行的な回帰を強く指向しているのです。その根底には明治近代国家以来の国家形態、日本独特の天皇制国家として、また、「国民国家」としての本質を何としても保持したい、と考えているわけです。そのような彼らの歴史認識や国家認識に立てば、教育勅語に示された愛国心や国体論は絶好のバイブルとなるのです。そうした文脈で教育勅語の復権を意図していると見て良いのでしょう。

それを表向きには、「自国を愛しなさい、愛せない人はいないだろう」式の単純素朴な文言で無条件の愛国心教育を強行しようとしているのです。それは結局のところ、戦前のように普遍性を欠いた、他者との目線を等しくする共生関係を築いていこうとする視野を完全に取り除いていくことを意味しているのだと思います。

私たちがアジア太平洋戦争で学んだものは、価値観や国家観、平和観など、あらゆる観念が一元的に収斂されてしまう社会の有り様への根本的な反省であったはずです。私たちは、全ての前に自由であり、多元的であり、多様性を尊重することによって、初めて開かれた個人や社会を手にすることが可能となるのだ、と教育現場はもとより、家庭でも地域でも学びあっていくことが益々求められているのです。

その意味でなぜ、教育基本法の改悪——法律用語では「改正」ということになっていますが——、反対するのかと言えば、私たちがあらゆるものから自由でない限り、私たちは政治的な道具でしかない国家に精神的にも隷属することになってしまうからです。ですから、私たちは国家を愛するよりも、自由を愛することを第一に据え置かなければならない、ということです。また、そのようなスタンスを逞しくすることが、かつて「全ての価値の源泉」とされた天皇の存在を精神的にも否定していくことに繋がるのです。

（二〇〇三年二月一一日　大阪梅田教会での講演録より）

Ⅱ　派兵国家日本を告発する

1 派兵国家を支える靖国神社

小泉首相が公式参拝に拘る理由は何か

今年（二〇〇四年）一月一日、小泉首相は前触れもほとんどなく、文字通り、唐突に靖国神社参拝を強行した。あたかも自衛隊のイラク派兵を目前に控え、その「決意」の程を世論に訴えるが如きの様相であった。

小泉首相の靖国公式参拝は、すでに二〇〇一年八月一三日、内外の反対を押し切る形で靖国神社を訪問した前例があり、それが今回の伏線になっていることは言うまでもない。その折りには、小泉首相が公式参拝を表明して以来、中国・韓国をはじめ、アジア諸国から中止要請が繰り返し出され、これまでにない強い調子の批判が寄せられていた。しかしながら、外交折衝で鎮静化は可能とする日本外交当局の判断と、アジア諸国からの批判の真意が理解できない、とする小泉首相の物言いにより、この問題の棚上げが図られた。結局、小泉首相は、二〇〇一年には八月一五日を回避し、八月一三日に参拝を強行した。つまり、前倒しによって公式参拝を強行するという姑息な手段に出たのである。

八月一五日の敗戦の日に固執し、またその日の参拝を強く要請してきた日本遺族会をはじめとする諸勢力の動きに対し、言うならば「名を捨てて実を採る」手段に訴えることによって、国内の支持者や要請グループの要求に半ば応え、アジア諸国の批判にも敗戦の日を外すことで沈静化を図ろうとする政治判断であった。

しかしながら、国内の諸勢力には不満を残し、諸外国にはさらなる不信と疑念を強く植え付ける結果となっている。そうした日本政府の態度が、さらにアジア諸国と日本との関係を悪化させている。そうした深刻な事態が充分に予測されたにも拘わらず、公式参拝に固執する理由は、一体どこにあるのであろうか。

固執する理由の第一は、小泉首相が自民党内における政権基盤が脆弱であって、「靖国」公式参拝による党内での支持基盤強化と党外支持基盤の確保にあることは間違いない。歴代首相及びその時代の政権と靖国神社との関係では、自民党内及びその支持基盤や圧力団体には非常に強い公式参拝要請が一貫してあり、歴代首相はバランスを採る必要性から、ある意味では状況的な対応に終始してきた経緯がある。しかし、その対応如何により政権の命脈が左右されるというほどのインパクトを与えられたことは、ほとんどなかったと言える。

靖国神社との距離の取り方については細心の注意が不可欠であったとしても、それはせいぜいのところ集票マシーンとしての靖国神社の周辺諸団体や諸組織、それに諸グループの存在を無視できないという、極めて政治主義的な判断から発せられたものであったのである。

ところで、小泉首相の靖国神社公式参拝への固執ぶりからは、歴代首相の公式参拝と決定的な違いがあると考えられる。それは自らの政権基盤の強化と靖国神社の政治的利用価値を積極に見出しての参拝という、極めて現実主義的な判断から出た感が強いことである。

それゆえに、小泉政権の成立事情や政権基盤という問題から、小泉首相としては思いきった右よりのシフトを敷くことで、党内外の支持獲得を得ていくことが政権維持のために不可欠であった。その点で言えば、小泉首相の主体的な選択というよりも、公式参拝へのスタンスを明確にすることによって、政権基盤の安定化を図ろうとしたものと指摘できよう。

小泉首相が公式参拝に固執する第二の理由は、実はこれこそが最も本質的な問題だが、橋本・小渕・森と続いた政権によって一貫して追求されてきたように、平和を達成目標とする「平和国家」から、日米軍事同盟を基軸にした「派兵国家」日本へのシフトという課題達成ということである。

そうした国家の根本的な有り様の転換が、急ピッチで進められる中、ハード的側面として地方分権一括法や周辺事態法による戦争国家日本の形成が進められる一方で、もうひとつ欠落していたソフト的側面として、戦争国家に適合的な「国民」の創出という課題達成が政策として浮上してきたのであり、その政策判断の延長に靖国神社公式参拝があったと言える。

要するに、一連の国内政治機構の再編（国家改造路線）過程で構想されてきた「戦争国家日本」（＝高度国防行政国家）に不可欠の条件として、国家目標実現のためならば、犠牲・忠誠・動員をも厭わない国民意識の形成に格好な政治装置として靖国神社を再評価し、同神社をあらためて天皇制イデオロギー再生産の場としようとする動きが公式参拝の形で強行されたのである。

公式参拝の何処が問題か

今回の参拝への反応と同じだが、先の公式参拝の折りには、小泉首相の公式参拝に対して国内からはもとより、中国や韓国をはじめとするアジア諸国、それにアメリカからも公式参拝への批判が相次いだことは記憶に新しい。例えば、韓国の崔相龍駐日韓国大使（当時）は、外務省を訪ね、「韓国の立場、韓国国民の感情を尊重して誠意を示して欲しい」と要請し、さらに韓国の与党である新千年民主党も、「アジア諸国と世界があれほど警告したにもかかわらず、結局、戦犯参拝を強行したのは、わが国を含むアジア諸国に短刀を突きつ付けたようなものだ」と声明を発し、深い憤りを隠さなかった。

韓国本国でも、崔成泓韓国外交通商省次官は、同省に寺田輝介駐韓日本大使を呼び、「わが政府が繰り返し憂慮を表明したのにもかかわらず、日本軍国主義の象徴である靖国神社に参拝したことを深く遺憾に思う」と厳しく批判した。崔次官は、この時、アジア諸国に甚大な被害を与えた戦争犯罪者が合祀された神社に参拝したことは遺憾だ、とする旨の発言も行っている。

こうしたアジア諸国から日本政府への批判や警戒が数多く寄せられながら、小泉首相自身は、靖国神社参拝が平和を希求し、戦没者の哀悼の意を示す行為に過ぎず、何ら憲法に抵触するものではなく、日本人ならばごく自然の感情の発露である、といった認識で、あくまで参拝行為の正当性を主張してきた。そこには大きくいって二通りの間違いが存在するように思われる。

一つには、小泉首相の言う「平和を希求する」という主観的な判断が、普遍性を持つものでは全くないことである。すなわち、ここにおける平和とは当然ながら、アジア諸国民を含めた世界に通用する普遍的な平和でなければならず、被侵略国からの激しい批判と警戒を招く参拝の行為が、「平和」の名の下で行われることの無意味性と危険性を示している事への真摯な応答が不可欠であることである。小泉首相の認識する平和とは、日本においてのみ通用する「一国的平和」論であり、しかもそれは本来的かつ普遍的な平和を希求する日本国民の多くの思いとも埋め難い距離が存在する。

日本国を代表する立場にあることは、その行為が世界に日本の公的な認識を示すことに結果するところとなり、どれだけ個人的な主観を語ろうとも、その行為においては厳しく淘汰された客観的かつ合理的な認識と行為を示すことが求められる。ところが小泉首相の公式参拝を通して発せられる認識が、日本国政府の「公式見解」として世界に発信されるのである。そのことが、どれだけアジア諸国の人びとを傷つけ、怒りを呼び、不信を増大させるものか、平和国家・平和社会日本の構築に邁進しいている日本人をも落胆させる行為であるか、について大いに熟慮すべきであろう。

二つには、「戦没者への哀悼の意を表する」こと自体、個人的体験や価値観に規定された純粋な感情であり、他者が批判や警戒の対象とするものでないことは論じるまでもない。しかしながら、何よりも靖国神社という空間を利用して哀悼する行為が憲法違反という一点に留まらず、「英霊」化された戦没者への哀悼が、その参拝行為者の意図と意思を超えて、侵略戦争としてのアジア太平洋戦争を含め、日本近代化の過程で繰り返された侵略戦争総体を肯定する姿勢が具体的な行動で示されてしまう結果となっていることが問題なのである。極めて残念なことに、この点への配慮が微塵も感じられないのである。

一歴史研究者の視点で敢えて指摘するならば、アジア太平洋戦争を含め、近代日本国家は、侵略性を否定できない戦争を頻発化していたのであり、そこで派生したおびただしい日本人の死は、決して英雄的な死でもなければ、称揚すべき死でもなかった。それは侵略行為の蓄積のなかで領土拡張と市場獲得という政治的かつ経済的な目標を軍事的な手段で達成していこうとするものである限り、それは決して後世の国民が肯定感を抱いて是認していく対象ではないのである。

むしろ、そこでの死と死の可能性とは、敢えて言うならば無駄な死であり、天皇や国家の名によって強制動員され、飢餓と戦傷への恐怖を抱きながら死と向き合わされ続けた兵士たちへの同情として捉えるべきであろう。決して彼らの行為を英雄視してはならず、その苦しみを理解することによってこそ、戦争行為の絶対的否定につながっていくのである。

そのような営みを続けることによってのみ、ここでいう戦没者の魂は救済されるのであって、いたずらに英雄視し、「英霊」化することは慎むべきである。さらに直裁的に言えば、戦没者を後世の政治家や人びとが政治利用することは、到底許されるものではないのである。

アジアの声を無視する理由は何か

二〇〇一年八月一三日の小泉首相の靖国神社公式参拝以後、以前にも増して国内外を問わず、この問題への是非を問う議論が活発化しているように思われる。しかし、首相周辺では参拝行為への反省もなく、世論の怒りにも無関心を決め込んでいるかのようである。

そのような姿勢をとり続ける理由として、少し大きな視点から述べておきたいと思う。すなわち、靖国神社参拝は、ある種の政治的意図から発した、文字通り巧妙に検討された政治行為としてあり、それは同時に日本社会の現状の表出でもある。それを具体的に上げていけば、以下の通りになろう。

第一に、公式参拝をナショナリズム再生への機会と捉えていることである。別の表現を用いれば、アジアに向けての対抗戦略のなかで当座見直しが進められているが、戦後版「国民国家日本」の再形成である。小泉首相自身の思想性において、ナショナリズムへの回帰志向が非常に強いことは指摘するまでもないが、日本国家の存在性の希薄化という現実が、権力層の主要部分には、二一世紀アジア地域において日本の地位が相対的に低下し、あるいはアジア諸国圏に埋没していく兆候への危機認識として強く意識されている。

そのような危機意識から脱却する方法は、偏狭なナショナリズムに依拠する「国民国家」の徹底か、それとは反対に「国民国家」を超えて思想的にも歴史的にも普遍的な価値意識を逞《たくま》しくし、そのような意味での「国境」意識を解消していくか、の二方向がまず考えられる。現実的には日本の総資本は多国籍化しており、経済的レベルでは一国経済主義は破綻している。

このところ日本は、そのような実態とは別次元ながら政治的歴史的思想的レベルでの憲法改悪、有事法制整備、集団的自衛権行使、教育の国家統制強化など、小渕・森などの政権では必ずしも明快に争点化されなかった懸案が、小泉首相の下で相次ぎ争点化されるようになっている。要するに、この政権は、いまの自民党を中心とする支配権力総体が、長期戦略のなかで登場させた極めて危険な政権なのである。

それはともかく、小泉首相は、天皇制イデオロギーの源泉地であり、政治的には「国民国家」化に拍車をかける絶好の装置としての靖国神社に足を運ぶ行為を通し、国民意識の一元化を目標としている。そうすることで、二一世紀における日本の確固とした歴史的文化的な位置を確保していくことに主要な政治目的がある。ナショナリズムを完全に否定しようとするのではないが、少なくともここで再形成されようとしているナショナリズムは、日本をして閉塞状況に追い込み、市民意識の発展と形成を阻むものでしかないのである。

第二に、もう少しマクロ的な視点から言えば、いま日本は再びアジア・モンロー主義に特化しようとする気配があり、小泉首相の公式参拝の主張は、実はそれと見事に適合するスタンスではないかと思われる。アジア・モンロー主義とは、アジア太平洋戦争期において、資本や技術を欧米先進国に依存していた日本が、それから脱却して自立した帝国主義国家を形成するための国家戦略なり国家発展の方向を展望した折りに案出された主張であった。そこでは、日本がより明確にアジアにおいて覇権を擅り、最終的には「大東亜共栄圏」を建設し、日本がその盟主に立とうとするものであった。

二一世紀において、アジアでは中国を筆頭にして「大国」が次々に登場してきており、そこにおいてアジアのリーダー争いが熾烈を極めるという視点に立った場合や、日本が中国などの競争者を振り切ってリーダーとしての位置に立とうとする場合に必要とされるのは、かつてのアジア太平洋戦争は決して対アジア侵略戦争ではなく、アジア解放戦争であったとして、日本の貢献を歴史的に評価させようとする戦略である。

なぜなら、侵略戦争である点を認めてしまえば、現在の日本支配層が構想している第二の大東亜共栄圏構想は出鼻を挫かれることになるからである。もっとも、露骨な形で大東亜共栄圏構想と同様のネーミングを得て構想されているわけではないが、日本の歴史的貢献を評価させるためには、アジア解放戦争論を国の内外に普及徹底する必要がある。

そこから、侵略戦争の実態を隠蔽する装置として、靖国神社の役割が再浮上してきており、東条英機ら侵略戦争の担い手たちを合祀し、「英霊」化している靖国神社に参拝することは、同時にアジア解放戦争論への認知を現国家が総掛かりで求めていこうとする決意表明に他ならないのである。アジア解放戦争論が、戦後日本の歩みのなかで再三にわたって提起されてきた経緯は周知の事実であり、「新しい歴史教科書をつくる会」が編集した歴史教科書にしても、侵略戦争を断固否定することで、アジアの覇権国家日本の誕生に全面支援する目的を持つものである。それは憲法改悪にも連動していよう。

つまり、どう読み込んでも先の戦争を侵略戦争だとする歴史認識を語っている日本国憲法を潰すためには、その憲法の歴史認識を否定しなければならず、そのために「つくる会」の歴史教科書は侵略戦争の否定に躍起になっているのである。その意味で、靖国神社公式参拝問題は、教科書問題や憲法改悪問題の動きなどと、同じ文脈で把握する必要があろう。

小泉首相の公式参拝に対して最も厳しい批判の論陣を張った中国に対して、小泉首相と日本政府は、これまでになく居丈高な態度を鮮明にしている。その背景には日米軍事同盟強化路線のなかで、日本とアメリカ両国に合意された仮想敵国としての中国を対象とする一正面戦略のへの踏み込みという問題がある。

米ソ冷戦構造崩壊後、こと軍事領域においては、言うならば「米中冷戦構造」の形成が日米の一方的な戦略として成立しようとしており、そのための国内的な措置として有事法制整備と集団的自衛権の問題がある。確かに、日本にとって中国は経済的には垂涎の的であることには変わりない。

現在でも日中合弁事業などが果敢に展開されているが、中国が共産党指導下にある限り、軍事的に中国を包囲し、場合によっては日米共同で恫喝に奔走しつつ、新たな侵略国家日本への内実を深めようとしている。そうした危険な日本の戦略の一端を示すものが、靖国神社の公式参拝に示された対中国敵視の政治姿勢である。

公式参拝の政治目的

ところで、靖国神社が戦前と戦後を通して、等質化された「国民意識」の発揚の場として極めて重要な政治装置として機能し続けていることは明らかである。敗戦によって一端は崩れかけた天皇制イデオロギーによって規定された「国民意識」を再生させる格好の空間として、靖国神社が位置していることは繰り返し述べた。その「国民意識」が公式参拝という名実ともに「国家行事」によって正当化されようとし、その結果あらためて「国民意識」を国家によって管理・統制しようとする試みが、小泉首相及びその周辺によって企画されている。

やや重複するかも知れないが、その読み解きは、第一に「戦後版戦争国家」日本に適合する新たな「日本国民」の形成と、崩れゆく「天皇制国民国家」の補強策として、「日本人」の一体感を共有する場の確保という思惑が露骨なのである。第二には、日米軍事一体化路線の構築過程と、現実に有事（＝戦争）に加担する日本自衛隊および周辺事態法第九条、さらには新有事法制によって動員される「民間人」の犠牲（＝「戦死者」）の想定と、その対応策の一環として将来における「戦死」の国家管理と補償システムへの準備が射程に据えられているのである。

この点に関してひとつの事例を挙げるならば、筆者自身が居住する山口県において、中谷康子さんの合祀拒否訴訟が一九八八年六月一日に最高裁の判決が出て以後、毎年六月の第一土曜日に山口県護国神社に出向いて合祀取り下げ要求を行う取り組みがある。筆者自身も一〇年程前に山口に居を移して以来、毎年この取り組みに関わってきた。

この取り組みは、一九九一年一一月二七日にPKO協力法が強行採決され、翌一九九二年九月一七日には自衛隊の第一陣が広島県呉港から出発するという状況の中で、一段と熱を入れざるを得ない段階に入っていた。つまり、同法によって自衛隊などの海外派兵が現実の問題として浮上してきており、新たな殉職者が生み出されようとする状況下において、国や防衛庁サイドが靖国神社合祀のメリットを再認識することで、再び靖国神社の国家管理化への道を模索する動きが活発化していたからである。

戦争国家化のなかで、「合祀」のもつ政治的な意味が一層色濃くなっており、遺族を癒す場という単なる宗教的次元の問題では語れない部分が全面化してきたのである。遺族が癒されるのは、国家によって「個人」の死が政治的に意味づけられることではない。新たな犠牲者を結果的に強いるような構造を用意すること自体、大変深刻な問題を含んでいることを強調しておきたい。

山口護国神社側は私たちの合祀取り下げ要求に対し、神社側にも「祀る自由がある」する理由を繰り返すのみである。神社側がどこまで自覚的に発言しているかは別としても、「祀る自由」という論理はストレートに現在の国家が強調する論理そのものである。国家の名で「祀る」ことで、「国家死」の崇高さを国民に向けて再確認させようとする、その着想に潜在する危険な論理こそが糾弾の対象とされるべきであろう。中曽根元首相の言葉だが、「国のために死ねる」国民の創出を用意しようとする国家の論理こそが、いま厳しく問われているのである。

つまり、私たちは戦後、そのような意味での「国家死」の不当性や危さを自覚することを通して、侵略戦争の加害者になることを拒否する平和の論理を獲得し、その行為を通してアジアや世界に開かれた普遍的な共生の思想を逞しくしようとしてきたはずである。それゆえに、国家や神社の「祀る自由」なる御都合主義的な論理を認めるわけにはいかない。

小泉首相の公式参拝が再三にわたって各方面から指摘されてるように憲法第二〇条三項に抵触することは間違いないが、それと同時に実は戦没者だけではなく、東京裁判によって絞首刑となったA級戦犯の東条英機ら一四名が「昭和の殉難者」として一九七八年に合祀され、その神社に詣でることが、その主観的意図とは別に戦争責任を問われ、戦犯となった者を否定することになる。つまり、日本政府は先の戦争を侵略戦争として総括していない、とする判断を甘受しなければならないことになろう。

あらためて強調しておきたいことは、小泉首相が言うように日本国家のために死地に赴かざる得なかった人びとに「哀悼の意を表するのは自然な感情」とするならば、なぜA級戦犯者が合祀され、空襲や戦闘に巻き込まれて亡くなった、取り分け沖縄戦の被害者の全てが合祀されず、またシベリア抑留で命を落とした人たち、また、強制的に「日本人」にさせられ、「日本人」として戦死した、かつての朝鮮や台湾などの植民地人の全てが必ずしも合祀の対象とされていないのはなぜか。この非合理性をどのように説明するのか、という問題がある。

その合祀自体の基準も曖昧であり、また極めて政治的判断によって、その死が選別されているのである。その意味で、公式参拝は決して自然の感情の発露ではなく、高度な政治戦略から導き出されたものであり、死者の政治利用に他ならず、歴史の曲解を敢えてなす行為と言えよう。

司法の判断に関連して言えば、一九八五年八月一五日における中曽根首相の公式参拝に関する政府答弁書に盛られた見解において、政教分離の憲法原理からする批判を回避するために持ち出された「目的・効果説」が展開されているが、これとてその宗教性の濃淡によって憲法原理が事実上否定されて良いわけはないのである。

また、一九七七年七月の津地鎮祭訴訟における最高裁の判決では、まさに「目的・効果説」に寄りかかった司法判断として注目された。これは「許容される範囲」の基準が曖昧であり、いかようにでも基準設定が可能である。それは、判断の幅を場合によって、無限に拡充可能な論理を提供するものであった。実際以後の同様の訴訟における判決もそうであった。

そこからこの「目的・効果説」が、政教分離の憲法原理に風穴をあけ、憲法空洞化の説だと指摘できよう。もっとも、今回の公式参拝について、小泉首相がこの説を持ち出している訳でないにせよ、憲法違反の批判を回避するために、「目的・効果説」および津地鎮祭訴訟における最高裁判決に依拠しつつ、参拝行為が繰り返される可能性が強い。

精神・思想動員装置としての靖国神社

小泉首相の靖国神社公式参拝は、靖国神社に内在する歴史性と宗教性、換言すれば軍国主義と国家神道という二つの「思想と論理」（＝イデオロギー）に対し、「日本国民」ならば賛同し、見習い、信仰せよと強要する行為に他ならない。

要するに、戦後民主主義が否定してきた思想を強制的に国民に注入し、教化する行為としてある。その国家権力の最高位にある人物が、まさに公務の一環として「信教の自由」を実質的に剥奪する行為に及んだということである。従って、精神・思想の自由、即ち何人によっても侵されない権利が蹂躙されたと言えるのである。

戦後日本社会は、精神・思想の自由を確保することによって、戦前期における精神・思想の一元化あるいは動員、あるいは国家の発動する戦争支持へと強制されていった歴史を刻んできた。その歴史を教訓化する一手段として、「思想・信教の自由」という憲法の条文を手にしているのである。それ故に、公式参拝は原告らの「宗教的人格権」を破壊するだけでなく、歴史の教訓を反故にする行為である。その二重の苦痛を敢えて行った行為と指摘できよう。

第一次世界大戦後における総力戦段階への転換という戦争形態の変化のなかで、〈軍隊の国民化〉あるいは〈国民の軍隊化〉のスローガンの下に強行された精神・思想動員体制の歴史を想起するならば、そこでは大量の国民動員を円滑に実行していくために、戦時からではなく、平時から国民の精神・思想の管理と統制を推し進め、戦時における動員の完璧を期する国民施策が展開されてきた。天皇制イデオロギーがあらゆる組織や機会を利用し、徹底的に流布されていったのである。

日本国家は、国民の意識のなかに天皇の権威や国家の権力への抵抗感なき従属意識を平時から注入していく作業を、文字通り、あらゆる機会と装置を投入して試みてきた。市民革命が未体験であり、歴史形成と政治変革の主体者としての地位に実質的には一度も座らず、明治国家建設も明治維新という名の政変によって徳川幕藩体制の崩壊が決定づけられた。

戦後の時代もまた侵略戦争の敗北という外的要因によって開始されたことから、日本の歴史において常に国民は自らの主体的な意識や思想によって、社会の変革を達成してきたのでは必ずしもなかった。そのような歴史過程をも背景にしてか、戦後日本人の多くが国家による精神・思想の動員という事態にも無頓着であり続けた。

そのような日本近代史の特徴や日本人が置かれた歴史的環境の特徴もあって、いままた靖国神社という天皇イデオロギーの発生装置が円滑に稼働し始めているかのようである。小泉首相自身が、そうした全体方向をどこまで自覚的に捉えたうえで、ある種高度な政治戦略として公式参拝の行動に及んでいるかどうかは別としても、少なくとも小泉首相の参拝行為は、巨視的に見れば戦後版国民の精神・思想動員の具体化と位置づけられるものである。

そのことは自由・自治・自律を原理とする戦後民主主義の目標や理念、さらには日本国憲法が掲げる目標や理念を全否定する行為であることを、繰り返し指摘しておかなければならない。

平和的生存権への侵害ということ

アジア太平洋戦争を始め、先の大戦はそれまでの人類が歴史上経験しなかった甚大な被害を残し、そこには数多の惨禍が展開され、国境を越え民族を超えて、人間が平和と安全のうちに生きる可能性を奪い去った。そこから従来、主権国家の正当なる権利として国際法においても、また国際常識としても許容されたきた戦争の権利（jus in bello）自体への再考を迫ることになった。そこから、「戦争の違法化」（outlawry of war）という新たな概念が提起され、戦後思想や戦後憲法のなかに取り入られることになった。

そこで特に強調された点は、戦争が人権侵害の最たるものであって、人間が平和のうちに生存する権利を主張するためにこそ、違法な戦争を拒否する権利を認めようとすることである。そこから平和的生存権や兵役拒否権という概念が提起されたのである。この他にも、交戦国の権利制限と国際人道法の制定の必要性や、非人道的兵器の使用制限あるいは禁止する国際法の整備、また戦争発動国への国際的制裁の実行などが主張された。

このように国家による戦争発動の原則的な意味での違法化という概念は、広く認知されるところとなり、そこから抑圧と戦争の対極としての「人権と平和」の相互依存性あるいは密接不可分性が憲法学者や政治学者をはじめ、各界から説かれることになった。

そのような一連の戦後の動きを文字通り先取りした憲法として、日本国憲法においては、その前文で「われらは、全世界の国民が、ひとしく恐怖と欠乏から免れ、平和のうちに生存する権利を有することを確認する」と明文化しており、平和的生存権の概念の獲得と、その実践を誓っているのである。

その平和的生存権に盛り込まれた平和の達成手段として第九条の非武装条項が規定され、さらには平和と相互依存関係・密接不可分性にある人権擁護を規定した第一三条及び第一九条などが用意されていることは指摘するまでもない。個人が尊重され、その個人の思想や信教の自由が謳われたことの意味は、国家権力の発動たる戦争あるいは戦時・有事の名の下に国民を思想的・精神的かつ肉体的を問わず強制的に動員し、それに従わないものを法的のみならず、政治的かつ社会的な処罰をなそうとする行為を禁止することにある。

それは憲法学者の多くが指摘してきたように、平和的生存権を支える思想とは、「国家の戦争行為や軍事力に対する個人の生命その他の人権の優位性の思想」（山内敏弘『人権・主権・平和

――生命権からの憲法的考察』日本評論社、二〇〇三年刊、九八頁）なのである。確かに長沼訴訟の一審判決以外には、平和的生存権の裁判規範性を容認する事例は少なく、最高裁の見解が明確に示された訳ではないにせよ、裁判所及び司法関係者の多くが、この点については消極的かつ懐疑的であることも事実である。

その少ない事例として、百里訴訟控訴審判決（東京高判一九八一年七月七日、判時一〇〇四号三頁）では、「あらゆる基本的人権の根底に存在する最も基礎的な条件であって、憲法の基本原理である基本的人権尊重主義の徹底化を期するためには『平和的生存権』が現実の社会生活上に実現されなければならないことはあきらかであろう」と平和的生存権の意義を明確に記しているのである。

ここには基本的人権尊重主義の徹底化を平和的生存権の現実社会における実現によって図ろうとする極めて注目すべき指摘がなされているのである。それをより集約して言うならば、人権が平和の実現によって保証されることを意味しており、その限りで人権と平和は表裏一体の関係として把握すべきことを説いている。

その一方で、同じ判決文において、「平和ということが理念ないし目的としての抽象的観念であって、それ自体具体的な意味内容を有するものではなく、それを実現する手段・方法も多岐、多様にわたるものであるから、その具体的な意味内容を直接前文そのものから引き出すことは不可能である」（同右）、としてその裁判規範性については疑義を呈しているのである。しかし、平和の概念が「抽象的観念」であり、「具体的な意味内容」を有しないと一蹴する見解をもって、裁判規範性について容認し難いとする論拠は極めて乏しいと指摘せざるを得ない。

なぜならば、第一に日本国憲法前文及び第九条に示されたいわゆる平和主義の原理は、具体的な国家目標と理念の獲得を示したものであり、とりわけ第九条に至っては、平和を非武装政策により実現しようとし、そのために物理的暴力としての軍隊の保有を認めないという形で条文化しているのである。その非武装による平和実現によって平和的生存権を担保しようと解すれば、平和は決して抽象的観念ではなく、具体的政策であると把握すべきであろう。

長沼訴訟訴訟一審判決（札幌地判一九七三年九月七日、判時七一二号二四頁）では、平和的生存権を裁判規範性を有した具体的な人権として、原告らの訴えが適格と認めた判例も存在するが、これは平和的共存権が日本国憲法の目標と理念に合致するものであることを事実上認めた司法判断と解せられるのである。

多くの訴訟事例のなかでは、依然として平和的生存権の裁判規範性を容認する事例は少数に留まっているのが現実である。その理由は多様であろうが、一つには戦後において提起された「戦争の違法化」という新たな概念への歴史過程を充分に踏まえた理解がなされていないこと、また、その新たな概念が国家の権力を相対化し、国家という既存の政治的枠組みを超える可能性と論理を内包しているがゆえに、そうした新たな概念への抵抗感が存在するからであろう。

小泉首相靖国神社公式参拝違憲訴訟の意義

しかしながら、近代における戦争の被害や影響力を個人の生命や人格の保護という観点から考察してみるならば、そのような被害や負の影響力から人間を保護していくためには、もはや国家が行なう戦争発動や戦争政策自体を違法化することなくして、完全を期し得ないところに来ているのが世界の現実であろう。その戦争違法化の動向を踏まえて登場した平和的生存権の意義と、また、本件における原告らの訴えが要保護性を有するものであることを指摘しておくならば、以下の諸点につきる。

第一に、平和的生存権とは、平和のうちに生存する権利あるいは生命を剥奪されない権利を意味している。同時に、平和的生存権とは、戦争の脅威と軍隊の強制から免れて平和のうちに様々な基本的人権を享受する権利を意味する。その場合に平和とは、差別・貧困・抑圧・不正など不可視の暴力から解放される状態を示す、極めて具体的な概念であり、ノルウェーの政治学者であるヨハン・ガルトゥングは、これを「構造的暴力」の概念で一般化している。そして、この「構造的暴力」を下部構造としつつ、派生するのが可視的暴力であり、人権破壊の最たるものとしての戦争である。

その意味で言えば平和とは単なる「平和ならざる状態＝戦争」のみを指すのではなく、社会の諸矛盾として噴出する様々の暴力なき状態を平和と言うのであって、真の平和を具体的な課題として把握すべきなのである。換言するならば、暴力総体への人間的な抵抗の状態を平和とする積極的な捉え直しが求められているのである。そして、この暴力が蓄積されていく過程で発生するものが戦争であって、この社会は私たちの足下に数多の戦争への素因を孕み込んでいるのである。そのように捉えた場合、平和は決して抽象的かつ観念的概念ではなく、極めて具体的かつ創造的な概念として把握しなければならないのである。

特に、今日有事法制という名の軍事法制が整備され、日米同盟路線が強化されるなかで、イラク派兵が強行されようとする国内状況を鑑みれば、日常社会に潜む数多の暴力に限定されず、現実の〈戦争の脅威〉に晒され、また、有事法制の延長として国民動員法とも言うべき「国民保護法制」の具体的検討がなされている現状にある。それは、自衛隊の国内移動を円滑ならしめるために、事実上〈軍隊による強制〉を「国民保護」を名目に強行しようとするものである。

そのことは文字通り、〈市民の軍隊化〉を意図した極めて危険な政策判断である。問題は、このような危機の時代に、それに拍車をかけるが如き行為としての小泉首相の靖国神社公式参拝が、そうした一連の動きを正当化する行為であると取るべきであろう。そこから戦争の脅威と暴力の社会化が強行されようとしていることに対し、深い憤りと同時に平和存続の危機、平和的生存権の危機意識を抱かざるを得ないのである。

公式参拝の違憲性を問うことの意味は

一九八九年一二月一四日の中曽根首相公式参拝違憲訴訟における福岡地裁の判決文に明記された内容は多くの議論を招くところとなった。それは、中曽根首相（当時）の「公式参拝で原告らが不快、怒り、あるいは国家神道の復活に対する危惧の念などの感情をいだいたであろうことは容易に察知できるが、原告らの主張する宗教的人格権、宗教的プライバシー権、平和的生存権が、内閣総理大臣の靖国神社参拝による国家賠償法上法的保護に値する明確な権利であるとまで認めることは困難だから、原告らの権利が侵害されたとまでいうことはできず、法的侵害があったと認めることはできない」（『西日本新聞』一九八九年一二月一四日夕刊）という部分である。

ここでは第一に、宗教的人格権や宗教的プライバシー権と並び、平和的生存権が一体いかなる経緯で登場したか、取り分け先の大戦から教訓を引き出し、それを憲法化する過程で重要な基本的人権の一部として構想され実態化されたのか、についての認識が不充分である。敢えていうならば、現行憲法の基本的人権尊重主義の具体的表現が平和的生存権である限りにおいて、これへの認識を示し得ないとすれば、それは司法判断としては、憲法への読み込みに関して怠慢の誹りを免れないと思われる。

第二に、同訴訟においても、また東京、千葉、大阪、松山、山口・福岡、沖縄で行われている小泉首相靖国公式参拝違憲訴訟においても、これら訴訟間で明らかに共通しているのは、原告らが平和的生存権を靖国神社への公式参拝という行為によって傷つけられ、軍国主義イデオロギーの発生装置としての靖国神社の政治利用が公式参拝によって常態化することへの恐れと警戒の危機意識であった。

それは、中曽根首相が当時大胆に強行しようとした日米軍事一体化路線により、平和国家日本の向かうべき道が大きく閉ざされようとし、戦争国家へとシフトしていくことへの抵抗意識の表明と同じであった。それはとりもなおさず、戦争発動あるいは戦争体制化や戦争肯定論の高揚によって基本的人権が空洞化されていくことへの深刻な危機意識としてあったのである。同時に、戦後の平和国家崩壊の危機への表明でもあり、平和的生存権剥奪への可能性を読み解いたうえでの行動であった。

今回の小泉靖国神社参拝違憲訴訟においても、また原告らの訴えは、中曽根首相公式参拝当時以上の国内における有事法制整備の状況や自衛隊の恒常的派兵体制の構築に具現されているように、国家の戦争発動の可能性と社会の軍事化傾向の顕在化傾向は、当時に増して平和的生存権の存続の危機的状況にあると言っても決して過言でない。

そうした点を考慮した場合、原告等の訴えが日本国憲法に照らし合わせてみても極めて当然の行為であり、裁判規範性に合致したものであって、これを人権保護という観点からすればなお一層要保護性を持つものと解することが出来る。

要保護性の点について付記しておくならば、この国の民主主義システムを強固なものとし、人権尊重主義を貫徹していくためにも平和が人権保障の前提とする認識を深めていくことが益々求められている。そこでは、「生存する権利が、あらゆる人権中第一の権利である。生存する権利とは、戦争の廃止を意味する」（『法律時報』第四五巻・第一四号、深瀬忠一論文）とする認識を共有していくことが不可欠である。

ここで含意されていることは、平和的生存権なる概念が既存の基本的人権を保守するだけでなく、これを脅かし、危険に陥れる可能性ある国家の政策や判断がなされようとする場合には、積極的にこれに異議申し立てを行うべき、いわゆる抵抗権を発揮することが前提となる概念であることである。実に基本的人権とは、与えられて権利として存在するのではなく、常に発動し、鍛え、研ぎ澄まされていくべき権利であって、決して静的な姿勢のうちに、自らの内面に抱え込んでおく権利ではない。

私は、先のアジア太平洋戦争を歴史の教訓とすべく作業に長年取り組んできたが、一九九九年に出版した『侵略戦争―歴史事実と歴史認識』（筑摩書房刊）の最後を以下のような言葉で結んでいる。

すなわち、「平和的共存とは、現行憲法に明示された私たち市民が希求する平和を侵害し、平和のうちに生きる権利を侵害する可能性のある、あらゆる政策を採用しようとする政府や機関に、異議申し立てをする権利である。平和的生存権の確立に努力することは、日本国民が等しく果たすべき責務であろう」（同書、一二六頁）と。

ここにおいて筆者が最も強調したかったのは、平和的生存権が与えられた権利ではなく、実は過去の戦争や抑圧、貧困、差別など内外に存在した、また現在も存在し続ける暴力の解消に日常的に真正面から取り組む姿勢なくして、本来の意味での平和実現はあり得ない、ということである。その意味で本件における原告らの訴えには、具体的な戦争発動の危機を前にして、平和の論理や思想を逞しくしていくことによって、これらの危機を解消し、人間が人間として自由に生きられる社会を構築していくための、全ての人々に課せられた責務である、とする考えがあるのである。

それは決して守るための行動ではなく、獲得し続けるための責務の発露として受け止められるのであろう。従って、原告らの行為こそは、憲法を活かし、人間を活かし、社会を活かすことに連続していく尊い行為であり、全ての人々が等しく共有すべき意識である。それを全ての人々が共有したとき、私たちは本来の意味での自由を獲得できるのである。

（福岡地裁に提出した小泉靖国神社参拝違憲訴訟「意見書」の一部に加筆修正）

〈補注〉実質勝訴を勝ち取った九州・山口訴訟の意義

画期的な判決内容

私は、本稿でその一部を示した「意見書」を福岡地裁に提出した後、二〇〇三年一二月五日に、鑑定証人として福岡地裁三〇一号法廷に出廷し、原告側の弁護団長の津留雅昭弁護士および被告小泉首相の代理弁護人から合せて二時間近い質問に答える機会を得た。そのこともあって本年二〇〇四年四月七日の判決には、より一層に深い関心を抱いていた。

その結果は、すでに周知の通り、原告の損害賠償請求こそ棄却したものの、その判決文に示された内容は、明らかに原告側の実質勝訴という画期的な判決となり、大変な反響を呼ぶところとなった。原告の損害賠償請求にしても、原告側は靖国公式参拝の違憲性を確認するために、損害賠償請求訴訟の形式を採るしかなっただけであって、もちろん、それが訴訟の目的ではない。従って、棄却はある意味で覚悟のうえであったろう。その意味は、違憲性の確認を引き出したことで、実質勝訴と言えるのである。

判決文〔巻末資料ⅰ頁以下参照〕の内容を少し紹介しておこう。まず、「第3当裁判所の判断」の項目のなかで、信教の自由の問題に触れつつ、戦前期において「国家神道に対しては事実上の国教的な地位が与えられ、キリスト教系の学校生徒が神社に参拝することを事実上強制されるなど、他の宗教に対する迫害が加えられた」とし、旧憲法において保障されている信教の自由を著しく侵した経験を踏まえ、「日本国憲法はその反省の下に信教の自由を無条件に保障し、政教分離規定を設けた」と記し、現行憲法の政教分離規定が戦前の軍国主義と分かちがたく結びついた国家神道への有り様を正面から批判している。

争点となった靖国神社の位置づけに関して、「(3) 本件参拝の違憲性について」の項で、「靖国神社は戦没者のうち軍人軍属、準軍属等のみを合祀の対象とし、空襲による一般市民らは対象としていないことからすれば、内閣総理大臣として第二次世界大戦による戦没者の追悼を行う場所としては、宗教施設たる靖国神社は必ずしも適切ではない」と言い切っているのである。ここでは「戦没者」の恣意的な選定が政治的な思惑において進められ、軍国主義を担った者（＝「軍人軍属、準軍属等」）と被害者とを峻別して合祀する靖国神社と、それを丸ごと肯定する小泉首相のスタンスを厳しく問うている。これと前後するが、さらにまた、靖国神社は「大戦中も戦死者を祭神として合祀し続け、国家神道の精神的支柱の役割を果たした」（本件参拝の違憲性　（ア）靖国神社の性格と役割）と断言する。

そして、この判決文において、私自身も最も注目する文面は以下の箇所であった。すなわち、「小泉は本件参拝を含めて四回も参拝している。憲法上の問題、国民は諸外国からの批判があり得ることを十分に承知しつつ、あえて自己の信念、政治的意図に基づいて参拝したというべきだ。参拝は内閣総理大臣の地位にある小泉が将来も継続的に参拝する強い意思に基づいてなした」とし、被告人小泉首相の靖国神社公式参拝が政教分離規定（憲法第二〇条）に反する違憲行為だと結論づけていることだ。

小泉首相が繰り返し口にしてきた、「参拝行為は日本人として自然な感情」とか、「戦没者への哀悼の意を表するため」と言った語りの背後に潜む「政治的意図」を見事にえぐり出して見せたのである。この判決文は、本稿で触れたように、靖国神社の戦前・戦後の危険な役割を十分に踏まえた判決内容であった。

訴訟の争点は何だったのか

ここであらためて訴訟の争点は何であったかを少し整理しておきたい。今回の靖国訴訟と一括できる一連の訴訟は、東京・大阪・四国・千葉・沖縄、そして九州・山口と各地でほぼ同時に起こされた。各訴訟の特徴もあるものの、共通した訴訟の目標は、第一に、靖国神社の宗教的・歴史的な性格を明らかにすること、すなわち同神社が基本的に天皇制という政治システムを起動させる上で決定的な役割を担う政治装置であったことを指摘することで、その違憲性を問うことであった。

第二には、靖国神社が、その天皇制という政治システムのなかで強行された侵略戦争に従軍し、戦死した軍人・軍属を英霊として格付けすることで、その侵略性を覆い隠し、逆に美化することを通して戦争への支持と肯定感を引き出すための装置として機能してきたことを明らかにし、それが戦後においても引き継がれている事実を問い直す機会とすることであった。

第三に、九州・山口訴訟の特徴の一つと言えようが、本訴訟の原告団に在日韓国・朝鮮人が名を連ねていることである。その意味は、キリスト者など国家神道には与しない人びとまで強制的に参拝させたように、朝鮮神宮、台湾神社、南洋神社など、日本の植民地支配を貫徹するうえで採用された皇民化政策のなかで、それぞれの民族文化を根底から破壊・抹殺する装置として、その総本山的な役割を靖国神社が担っていた歴史事実をあらためて掘り起こすことである。言うならば、「文化侵略装置」としての同神社の存在を批判的に確認することである。

これらの訴訟目的は、原告団のなかで重ねて議論され、共有化されていったはずである。それは、また、過去の侵略戦争を繰り返し問い直し、戦争責任の対象をあらためて確認することを通して、過去の克服を果たそうとする試みとしてあったように思う。

それゆえに、判決文において公式参拝の違憲性を明らかにしたことは、同時的に靖国神社に孕まれた、「侵略神社」としての役割を認定したことにはなりはしないだろうか。そこにはおそらく戦前期において靖国神社への参拝が宗教行為としてではなく、国家儀式あるいは天皇の臣民として当然の行為として位置づけられ、強制参拝を強いられた歴史事実を正面から受け止めることの必要性を強く訴えているように思われる。

そのような意味で、精神・思想の強制動員が二度と起きないように、日本国憲法は、戦前の憲法に比しても格段と徹底した思想・信条の自由を保障し、宗教の政治利用を禁じた政教分離を明文化している。それゆえ、本判決は憲法の精神と理念に忠実に従ったまでで、その限りでは至極当然の内容と言える。

際だった裁判長の司法判断

本裁判と判決内容とを合わせ、もう一つ深い印象に残ったことがある。判決は靖国公式参拝を違憲と断じたものの、原告側が争点として提起した宗教的人格権や平和的生存権侵害の違憲性については認められず、曖昧性や抽象性といった理由により否認された。この点については、今後の課題として受け止めなければならない。それらは決して曖昧でも抽象的でもなく、具体的な思想と運動に支えられ、そして、現行憲法によって保障された権利である。この点への目配りが裁判所側に欠落していることは怒りを感じる。

そうした課題を残してはいるものの、本訴訟の焦眉は際だった裁判長の司法判断であったように思う。すなわち、「3　結論」において、靖国神社をめぐる問題について「国民的議論が必要であることが認識されてきた」にも拘わらず、今回もまた小泉首相が靖国神社参拝の合憲性について十分な議論も経ないまま、参拝が強行された点を厳しく指摘したうえで、亀川清長裁判長は次のように締めくくっているのである。すなわち、「裁判所が違憲性についての判断を回避すれば、今後も同様の行為が繰り返される可能性が高いというべきであり、当裁判所は、本件参拝の違憲性を判断することを自らの責務と考え、前期のとおり判示するものである」と。

確かに憲法や法律のみに拘束されて、独立して職権を全うすべき裁判官であってみれば、あらゆる法律や命令・規則、国や政府が実行する政策や行為が憲法に適合するかを厳しく精査し、仮に違反しているならば、これをあらためさせる義務が国民から負託されている。しかしながら、砂川事件一審判決における伊達秋雄裁判長や北海道長沼ナイキ訴訟の福島重雄裁判長など明快な憲法違反の判決を下した裁判官は少なくはないものの、今日的状況をも含め、裁判官が自らの職責を自覚し、文字通り司法の番人としての役割期待に必ずしも応えていない現実と照らし合わせるとき、今回の亀川裁判長の司法判断は、やはり画期的と言わざるを得ないのではないか。

最近、弁護士の内田雅敏さんから「望なきにあらず」と題する本訴訟の判決への感想文を送付して貰ったが、内田さんによると、亀川判事の父親も判事であり、戦後間もない頃、ヤミ米を食べることを潔しとせず、結局餓死してしまった山口良忠判事と高校の同期生であったという。その父親は、息子である亀川清判事に向かって、「裁判官というものはいつかは覚悟を決めて判断しなければならない」と諭したという、との説明書きを付されていた。そして、「望なきにあらず」の副題に、「『遺書』を認めてなされた福岡靖国違憲判決」とつけられたように、亀川判事は、「遺書」を認められて判決を言い渡されたとのことである。

その事実を確認する術を私は持たないが、私自身二時間近い間、尋問を受けている最中、正面に座る亀川裁判長の顔を凝視し続け、敢えて言うならば、一人の研究者としての使命にも似た思いで、私の発言に耳を傾けて貰うことに懸命であったし、その思いは伝わったのではないか、と勝手に思っている。ややナイーブな物言いかも知れないが、原告団や原告側弁護団の必死の訴えと相まって、亀川判事の職責に忠実でありたいとする姿勢が、今回の判決内容を生み出したようにも思う。

いずれにせよ、自衛隊員がイラクに派兵され、自衛隊が駐屯するサマーワに展開するオランダ軍兵士が殉職（五月一〇日）する事態を迎え、また、同月一五日にもオランダ軍とサドル師を支持する武装勢力との間に本格的な戦闘が行われ、再びオランダ軍兵士に犠牲者が出たとの報道があった。このように混沌としてきたイラク情勢のなかで、いつ自衛官に殉職者が出ても不自然でない現実がある。そのような時に再び、殉職自衛官が「英霊」化され、靖国神社に合祀されかねない時代を迎えている。この意味でも、今回の実質違憲判決の意味を反芻しながら、二度と「英霊」を出さない運動を逞しくしていかなければならないように思う。

（書き下ろし）

防衛庁の「防衛省」「国防省」昇格問題

総選挙の結果、「絶対的安定多数」を確保した自公連立政権は懸案のイラク派兵と憲法「改正」に向けて本格的に動き出した。イラク派兵問題は現地の不安定化のゆえに予断を許さない状況にあるが、そうした間隙をぬってもうひとつ政府・防衛庁は、宿願であった防衛庁を「防衛省」とする昇格問題の決着を図りたい考えだ。

昇格問題は一九五八年に自民党国防部会の国防省昇格決議を起点とし、一九六四年には池田内閣が「国防省設置関連法案」を閣議決定したことから本格化する。一九九八年の「中央省庁改革基本法」では、社民党の強い要請もあって内閣府の外局とされた。

それが二〇〇一年六月、通常国会末に自民党、保守党、二一世紀クラブに所属する有志議員らが議員立法として「防衛省設置法案」を提出し、これが継続審議とされていることから、早晩本格的な審議が再開される可能性が強まっている。現在、防衛庁長官は防衛行政を担当する主任の大臣ではなく、法律や政令・省令の制定・改定の権限、自衛隊の活動・派遣実施などの閣議請議権もない。それに防衛予算の要求や施行にも長官名ではできない。そこで省への昇格を実現することで、これら様々な制約条件を打破したいのである。

省に昇格すれば「防衛大臣」は防衛行政の主任として他の国務大臣と同様に大幅な権限を確保可能となるのである。昇格実現を急ぐ諸勢力の大方は主権国家に適合する防衛行政の主体を強化することで日本の軍事的安全保障や危機管理体制を整備し、日米軍事共同体制に呼応する行政能力の向上を求めている。これが実現されれば、取り分け、周辺事態法を根拠とするアメリカ軍への後方地域支援の実施権限が総理大臣から、「防衛大臣」に移行することになる。

しかし、省への昇格は以下の点で極めて重大な疑義がある。第一に、防衛庁が現存する防衛行政機構としての存在することは事実だが、それはあくまで徹底した文民統制（シビリアン・コントロール）の原則の下で機能しなければならないことだ。自衛隊の最高指揮官が内閣総理大臣であり、防衛出動には言うまでもなく国会の承認が必要とされ、防衛庁長官には文民を充てることになっているのも、この原則ゆえである。例え最高指揮官が不変であったとしても内閣府からの事実上の「独立」を意味する「防衛省」（「国防省」）への昇格は、この原則から逸脱し、防衛機構の拡大を招くことは必至である。

戦前の軍部が、国家体制の危機を理由に準戦時体制や戦時体制づくりを呼号するなかで軍事機構を肥大化させ、一九三八年四月の国家総動員法の制定以後、帝国議会からの規制を逃れ、やがては諸政治機構を内部から食い破っていた教訓を持ち出すまでもなく、自己増殖を繰り返す軍事機構の病理を指摘しておきたい。

第二に省への昇格を志向すること自体が既に平和憲法の全面否定に直結する論理が用意されていることである。文民統制下で増強に努めてきた自衛隊と防衛機構のありようも問題だが、二〇〇四年の通常国会における「国民保護法制」、それ以後における自衛隊の「海外派兵恒久法」の制定、そして、この省昇格による文民統制の空洞化で憲法第九条は窒息死の状態に追いやられることになることだ。同問題が比較的に世論の反対を招きにくい懸案だけに、優先的に取り上げられる可能性も高い。

ここで再考しておくべきは現在のイラクの地で具現されたように、軍事的手段による「民主化」がテロという暴力の連鎖を引き起こしてしまったことである。つまり、非軍事的手段による平和の創造や諸国家間における信頼醸成がいかに現実的な課題かが確認されるに至っている。

いま、私たちが議論すべきは武力による国家安全保障論ではなく、非武装による人間安全保障論であろう。そのために必要なのは「防衛省」である前に、実は平和構築の取り組みに全力を取り組むべき〝平和省〟であるかも知れない。

（『社会新報』二〇〇四年一月一七日）

2 最終段階迎えた有事法制の現段階

有事関連七法が意図するもの

はじめに

自衛隊のイラク派兵と連動して、ここに来て一連の有事法制整備が最終段階に達しようとしている。九・一一同時多発テロを契機として急遽成立したテロ特措法（二〇〇一年一〇月）を起点とする一連の有事法制整備は、昨年の有事関連三法に続き、国会上程が確実となった有事関連七法案（武力攻撃事態等における国民の保護のための措置に関する法律案〈＝通称、国民保護法案〉、武力攻撃事態等におけるアメリカ合衆国の軍隊の行動に伴い我が国が実施する措置に関する法律案、武力攻撃事態等における外国軍用等海上輸送の規制に関する法律案、自衛隊の一部を改正する法律案、武力攻撃事態等における特定公共施設等の利用に関する法律案、武力攻撃事態等における捕虜等取扱いに関する法律案、国際人道法の重大な違反行為に関する法律案）が成立すれば、武力攻撃事態対処法体系が完成することになる。

ＰＫＯ協力法（一九九二年六月）から周辺事態法（一九九九年八月）、そして、武力攻撃事態対処法（二〇〇三年六月、以下対処法と略す）を中心とする有事関連三法を経て、今回の有事関連七法案の成立を許すことになれば、日本の有事法制（＝軍事法制）の基本体系が整備されることになり、それ以後は細部にわたる個別法が次々と生まれることになるのは間違いない。

ここでは、それとの関連で成立が目論まれている有事関連七法案の主な内容の位置を問うておきたい。同時に一連の有事法制が成立していく過程を、戦後保守権力の展開と強化という視点から整理しておきたいと思う。

浮上する攻撃型有事法制の背景

ＰＫＯ協力法は、湾岸戦争（一九九一年一月開始）を契機とする「国際貢献」（実際には〝対米貢献〟だが）をスローガンとする政府のスタンスから生み出され、それ自身は消極的な選択として位置づけられるものであった。しかし、ポスト冷戦の時代の幕開けを象徴する湾岸戦争開始後、アメリカは日本の本格的な軍事国家への脱皮を強要するようになり、それは日米新ガイドラインの合意から周辺事態法の成立となって具体化された。

こうして日本は、ポスト冷戦の時代がアメリカの一極支配を目指す世界戦略の枠組みに積極的に参入する方針を固めていったのである。それは米ソ冷戦構造という枠組みに身を置くことによって、自民党支配に具現される戦後日本の保守体制の成立が保証されてきたことと無縁でない。むしろ、ポスト冷戦時代においても日本の保守権力は、その基盤を確固としていくために、再びアメリカの一極支配の枠組みに参入する道を選択したのである。しかし、冷戦体制下の日本とポスト冷戦体制下の日本に期待された役割には、決定的な違いがあった。すなわち、冷戦体制下の日本は、アメリカ資本主義の中国市場に替わる市場であり、軍事基地を無条件に貸与する基地国家としての役割への期待が大きかった。それがポスト冷戦体制下においては、アメリカ資本主義にとって日本の市場性は中国やロシアの市場性の高まりに反比例して低下し、基地国家である点は本質的に不変であったが、それ以上に自衛隊がアメリカ軍の補完戦力としての役割を果たすよう期待されるようになったのである。

その意味では日米安保の経済条項が後退し、軍事条項が前面化する状況がポスト冷戦時代の日米関係を規定していると言える。言い換えれば、日本の保守権力が日米安保体制の枠組みによって生成展開したことの一貫性は不変だが、従来型の経済安保から、文字通り軍事安保に依拠するかたちへ変わることで保守権力の延命が図られようとしているのである。そのことが、湾岸戦争期から本格化する一連の有事法制整備として表面化している。

その有事法制の整備過程にも、実は重要な変化が見られる。すなわち、ＰＫＯ協力法から周辺事態法までの有事法制は、言うならば消極的かつ守勢的な有事法制として捉えることが可能であるのに対して、対処法を中心とする先に成立した有事関連三法は明らかに積極的かつ攻撃的な有事法制としてである。

その変化の背景を、「同時多発テロ事件」を起点とするアメリカの強い「要請」の結果とすることはたやすい。しかし、アメリカの世界戦略が世界中の民族の解放や自立を追求し、あらゆる抑圧や貧困から解放されたいと願う人びとの意思をことごとく殺いできた結果として、同事件が発生したことを踏まえるならば、アメリカの世界戦略のなかに自らの権力の保守と利益の拡大を志向してきた日本政府もまた、これらの変化を自発的に選択したと言える。そのことの意味は頗る重要であろう。

つまり、ＰＫＯ協力法の成立から周辺事態法までの有事法制は、アメリカの世界戦略や軍事戦略への追随型法制であったものが、ここに来てアメリカとの併走型法制へと確実に転換したことだ。アメリカの標榜する対テロ陣営への参加表明をなすテロ特措法の成立は、日本資本主義および保守権力総体が、明確に軍事国家として二一世紀の時代のなかで軍事力に依拠した覇権主義を貫徹していこうとする意思表明であり、それがどこまで自覚的かは別としても攻勢的派兵国家体制の構築を宣言したに等しいのである。

そのような一連の流れが、対処法に赤裸々に表現されているのであり、それはまた対処法を母体に個別法の装いを持って提出された国民保護法案も、その表向きのネーミングからは予想だに出来ないほどの攻撃的な有事法制としての側面を色濃く内包している。この国民保護法案にも、テロ特措法以降における対テロ戦争の実行に適合する文言が直接間接に示されているが、それは対処法自体が、ミサイルやテロ攻撃への対処を理由に掲げながら、実際にはアメリカの世界戦略に呼応しつつ、対テロ戦争への一翼を担うとしているからである。日本政府や保守権力はイラクへの「人道復興支援」が虚言であることを重々承知しながら、いまや着実に軍事国家としての法整備と組織整備を強行しているのである。

先に成立した有事関連三法には周知の通り、「武力攻撃事態」が起きた場合には自衛隊の陣地構築、アメリカとの密接な協力関係、アメリカ軍への兵站支援が大胆に明記された。つまり、予想以上に露骨な内容で対米支援法としての性格を露呈して見せたのである。それゆえ、例え形式以上のものでないとしても、「国民保護」を掲げた法制整備はさして念頭に無かったと言える。要するに、政府・防衛庁側では大規模な戦争やテロを受けるという想定が全くなかったのである。ただ、対処法のなかに義務づけられた形で盛り込まれた「事態対処法制」には、警報の発令や避難の指示、被災者の救助、施設・設備などの復旧、輸送・通信の確保などが盛り込まれた。それは、戦争遂行の絶対要件である社会秩序や経済安定を目的としているのである。

つまり、「国民保護」を掲げながら後方システムを平時から構築するために「国民保護」を名目として、「事態対処法制」の整備が検討されているのである。かつての国家総動員法（一九三八年制定公布）が、生産・修理・配給・輸出入・運輸・通信・金融・衛生・教育・情報・警備など、市民生活のあらゆる領域に関わる事項を「総動員業務」の名で一括して統制する法律であったように、現在検討されている七法案のうち、交通・通信利用法案、捕虜等取り扱い法案、外国軍用等海上輸送規制法案、国際人道法違反処罰法案は、直接的な戦争遂行の円滑化を図るための法律であり、作戦展開を支援するための広義における兵站法制そのものである。アメリカ軍への物品・役務の提供を図る自衛隊法改正法は、名前通りの米軍行動円滑化法案と共に対米支援法そのものである。そこで、以下において有事関連七法案の内容を国民保護法案を中心に整理しておこう。

独立法制としての国民保護法

まず、新聞紙上で公表された国民保護法案の「要旨」を以下に列記し、その問題点を箇条書き的にいくつか指摘しておきたい。

第1　総則（1通則、2国民保護措置、3国民の保護のための措置の実施に係る体制、4基本方針、5指定行政機関の国民保護計画、6都道府県の国民保護計画、7市町村の国民保

護計画、8指定公共機関等の国民保護業務計画、9都道府県国民保護協議会、10市町村国民保護協議会）、
第2　避難に関する措置（1警報の発令、2避難措置の指示、3避難の指示、4避難住民の誘導、5避難住民の運送）
第3　救援に関する措置（1救援）
第4　武力攻撃災害への対処に関する措置（1武力災害への対処、2生活関連等施設の安全確保、3危険物資等に係る武力攻撃災害の発生の防止、4原子炉等に係る武力攻撃災害の発生の防止、5放射性物資等による汚染への対処、6応急措置、7消防、8感染症の特例等、9廃棄物処理の特例、10文化財保護の特例）
第5　国民生活の安定に関する措置（1国民生活の安定、2生活基盤の確保）
第6　復旧その他の措置（1武力攻撃災害の復旧、2物資及び資材の備蓄、3避難施設の指定）
第7　財政上の措置等（1損失補填、損害補償等、2費用の支弁及び負担等）
第8　緊急対処事態に対処するための措置（1責務等、2緊急対処事態の認定、3緊急対処事態対策本部、4準用）
第9　（省略）
第10　罰則

第一には、法案の性格として自己完結型の独立法制であって、予想通り大型法案であること

である。それは、「総則」の内容で一目瞭然であり、これだけの細部規定を盛り込んだ「総則」を持つ法を個別法として位置づけるのは、法案の性格を見誤る可能性があろう。これが独立法案とする理由は、何よりも「総則」のなかに「武力対策本部」（本部長は内閣総理大臣）の役割、「計画」の作成、「保護協議会」の設置などが規定され、それが「地方自治体」や「国民」の協力が明確化されているからである。つまり、そこには法の機能としての一貫性と独立性が顕著なのである。

その意味で、確かに同法案が武力攻撃事態対処法の規定に従って生まれてきたものとしても、事実上は同法と対等な、表裏一体の関係性を持って登場してきたことに注意を向ける必要性がありそうだ。

そのことは対処法の発動にともなう「国民」の生命や財産、人権の侵害を抑制する措置として検討されてきた法律案ではなく、それ自体がひとつの重要な目的性を内実としているということだ。そこには「国民」の保護という、有事法制の一環として消極的あるいは融和的な法律ではなく、さらには「国民」を決して客体としてでもなく、主体として有事＝戦争システムに積極的に動員しようとする意図が存在するからこそ、このような大型法案としての内実を得ることになったと考えられよう。

第二には、「後方」システムの確立が明確に意図されていることである。ひとつの国家が戦争発動を政治選択として可能ならしめるためには、当然ながら国内政治機構や国内社会体制の軍事的再編が不可欠となる。この場合、基本的かつ普遍的な意味において、国内軍事体制を構築するためには「兵站」と「後方」の二本立てを不可欠するのが軍事常識とされている。「兵站」

は軍隊や兵器を機動させるために必要な資源確保を意味し、軍事機能を発揮させるため絶対要件である。

具体的には兵員、燃料、武器弾薬を担保する人的物的資源であり、またこれを支える軍需工業生産である。そうした「兵站」を動員するためには、戦前的な用語で言えば「徴用」や「徴発」による直接的な強制を、例えば「国家総動員法」（一九三八年四月制定公布）によって貫徹する手法が常套手段とされてきた。今日においては、自衛隊法第一〇三条に象徴される動員規定がそれに相当する。要するに、「兵站」は軍事力を構成する主要な一部と考えてよい。

ところが問題は、軍事力を広義の意味において支える「後方」の構築である。戦前では「銃後」の用語が多用されたが、軍事アレルギーへの配慮や直裁的な軍事色を薄めるために、単純に位置関係を表す「後方」の用語が使用される。そこで「後方」システムの構築が、今日において一定程度に市民社会が成熟している環境下では、相当の困難を伴うものと認識されるのが一般的である。そのため「後方」の構築には、勢い「任意的な協力」という形式を踏まざる得ないのである。

その場合、「任意的な協力」は、地方自治体の首長を経由して自治体住民に要請されるという形式を踏む。つまり、国家による直接的な従事命令の形式を回避することで自治体あげての協力行動を引き出そうとする方法が採用されているのである。具体的には、国の命令を受けて、知事が「国民保護措置」を実行する手筈が整えられることになる。

このように地方自治体の組織や職員が「後方」システムの確立のため、細部にわたる基本方針や都道府県の保護計画あるいは保護協議会なる組織の設置によって動員されていくのである。

そこではあくまで国民の「任意的な協力」が強調されているが、実際には罰則規定が用意されることで事実上の強制性は否定できない。しかし、その強制性を可能な限り排除するために、自治体あげての取り組みという体制を平時から整備することになることは間違いない。

同法による地方自治体を巻き込んでの民間防衛体制の構築の意図は明らかであり、具体事例を含め第三章で詳述するが、政府サイドとしては、民間からの「任意の協力」という建前で、実質自治体への命令を媒介に、総掛かりで民間防衛体制の構築が意図されているのである。

第三に、「第4　武力攻撃災害への対処に関する措置」の文言に見られるように、武力攻撃によって派生する事態を「武力攻撃災害」（傍点は筆者）と規定したことである。国民保護法案の目的が、この「災害」への対処措置だと説明されているが、ここにはいくつかの罠が仕掛けれらている。何よりも、先に成立した武力攻撃事態対処法が想定する軍事攻撃への対処を目的とする形式を踏まえつつ、実際には米軍支援法、海外派兵法としての性格を持つ軍事法であるにも拘わらず、その軍事法の中核をなそうとする国民保護法案に内在する軍事色を一掃しようとする魂胆が露骨に見えていることである。

そこには日本の軍事発動によって起因するであろう政治的外交的問題を自然災害と同レベルに位置づけることによって、つまりは自然災害への対応と同一の認識で「備え」の必要論を国民に認知かつ徹底させようとし、同時的にこれに棹さす人びとに沈黙を強いろうとしているのである。政治的外交的な領域で派生する軍事問題や紛争・戦争は、あくまで政治的・外交的なレベルでの対応をなすことは当然である。

こうした新たな概念の導入には、極めて深刻な問題を提起しているように思われる。それは、、地震や台風の発生はある程度予測し得ても、発生それ自体を「阻止」することは不可能なように、そもそも戦争や紛争という政治的外交的な課題もあたかも阻止することは不可能である、との前提に立って「備え」の意識を強要し、意識化しようとしていることである。

そこでは国際紛争に対して、非軍事的な手段によって解決を図るべき決意を披瀝した日本国憲法の理念をも全否定することになる。この場合には非軍事的な課題（＝自然災害や食料途絶など）にも軍事的な対応を選択する可能性を許すことになってしまうだけでなく、軍事的な問題に非軍事的な手法を逞しくするという政策自体が放棄されていくことになるのである。同時に、例えば、地震対策という私たちの生命や財産を破壊しかねない自然対策には強権発動が不可避、とする見解を武力攻撃対処にも適用しようとする意図が明らかなことである。国家や人為によって引き起こされる戦争や紛争を自然災害対処と同レベルで受け止めることによって、軍事的危機対処への強権性を正当化づけようとしているのである。私たちを愚弄する概念操作である。

そのことは非軍事的な貢献を国際社会にあって果たそうとしてきた過去における営みを放棄し、非軍事的領域にも軍事的対応措置を採用することが優先するという認識を植え付ける結果となる。そのことは、国民保護法案が軍事負担法として現行憲法では固く禁じてきた軍役を課していることを実は政府側は認識しており、それ故に、これへの抵抗の論理や反対運動を抑圧しようとする思惑を秘めたものと断定できる。

その他の有事関連法案

一連の有事法制整備は、有事関連三法（二〇〇三年）に続き、今回公表された有事関連七法が成立すれば、武力対処法体系が完成することになる。また、ＰＫＯ協力法を武力対処法体系としての海外派兵法の嚆矢と見なした場合には、すでに日本の有事法制は一九九二年五月を起点としておかねばならない。ＰＫＯ協力法から周辺事態法、そして、武力攻撃事態対処法を中心とする有事関連三法を経て、今回、国民保護法案の他に米軍行動円滑化法案、外国軍用等海上輸送規制法案、自衛隊法改正法案、交通・通信利用法案、捕虜等取り扱い法案、国際人道法違反処罰法案の併せて七法案の成立を許すことになれば、日本の有事法制（＝軍事法制）の基本体系がほぼ完成することになり、それ以後はさらに細部にわたる個別法が次々と生まれることになるのは間違いない。

このうち米軍行動円滑化法案はアメリカ軍に対し自衛隊が物品・役務を、政府が土地や家屋を提供することで、アメリカ軍の海外軍事行動を全面支援するための法案であり、露骨なほどの対米支援法である。外国軍用等海上輸送規制法案は、外国船の臨検や拘束を実行し、場合によっては日本の港に連行することを可能とする法案である。そこでは武器使用について従来にまして制約条件が解除されている。

さらに、自衛隊法改正法案は日米物品役務相互提供協定（ＡＣＳＡ）の改訂を受けて、従来に増して日米両軍の一体化を促進する法案である。交通・通信利用法案は、アメリカ軍と自衛隊に日本の港湾施設や通信施設の利用について優先的な便宜を図ろうとするもので、平時から有事を想定して軍事力の展開に交通・通信が規制され、利用される内容である。捕虜等取り扱い法案は武力攻撃事態における捕虜や衛生要員等の拘束や抑留等の扱いに関して必要な事項をさだめたものである。同法案は武力攻撃事態の発生を想定して提出されるもので、穿った見方をすれば、今後を含め自衛隊の海外派兵に伴う交戦機会を確実視していることの証明でもある。最後の国際人道法違反処罰法案は、武力紛争において国際人道法に規定する違反行為に対する処罰を実行していくための法案である。元来、国際法には戦争は一定のルールに従って侵略された場合においては国家防衛の手段として容認されているが、同時に戦闘状態に巻き込まれる住民保護のための国際人道法が用意されている。但し、国際人道法は軍隊からすれば武力紛争法あるいは交戦法規であって、そこには多様な解釈が存在するのが現実である。

いずれにせよ、国民保護法案を中心とする七法案は、一括りにして言えば、有事法制体系を総仕上げするに等しい法案である。繰り返しになるが、先の有事関連三法で武力攻撃事態対処法体系の基盤を形成し、その基盤の上に個別法の形式を採用しながらも独立法制であり、広範な国民統制法である国民保護法案を筆頭に、さらにはいくつもの個別法が配置されて全体として対処法体系を拡大する方向が鮮明である。

こうした一連の有事法制はイラク戦争に絡む「対テロ戦争」への加担によって試され、発動されていくことになろう。それはアメリカ主導の世界戦略に与するだけでなく、この国が再び軍事力に依拠した覇権抑圧国家として世界と向き合うことを意味している。いま、世界ではそのような軍事力のグローバル化を許さない闘いが世界の各地で始まっている。その闘いの陣営に加わるためにも、私たちはまず目前の有事関連七法案の阻止と、一連の有事法制そのものの解体に向けて歩を進めなければならない。

（『科学的社会主義』第七三号・二〇〇四年五月）

3　戦後有事法制研究の軌跡を辿る

なぜ、国家緊急権に拘るのか

国家が緊急事態（非常事態）に遭遇する場合を想定し、平時から憲法に緊急事態への対処法を盛り込むことは近代国家の常識とされてきたが、日本国憲法（以後、現行憲法と略す）は国家緊急権に関する規定を一切持っていない。とりわけ、第九条の条文規定は、緊急事態対処の実行主体とされてきた軍隊や軍事機構の存在を完全否定したものとしてある。

戦前期日本は戒厳大権（明治憲法第一四条）や非常大権（同第三一条）など、実に多様な国家緊急権を制度化し、それらの法制を重層的に施した文字通り高度な緊急権国家であった。立法権よりも行政権あるいは軍事権を優位とする高度行政軍事国家であった戦前期日本国家が、国内で徹底した治安弾圧体制を敷き、国外に向かっては絶え間ない侵略戦争を繰り返したことは必然の結果であった。その歴史事実の反省に立ち、現行憲法における国家緊急権が一切削除されているのであって、その限りで国家緊急権の不在性こそが、現行憲法の一大特徴であり、平和憲法と呼ばれる所以である。

今日、有事法制と一括されることになった国家緊急権の発動としての緊急事態法（非常事態法）

は、「国家」や「国民」に対する危機対処を口実としながら、実際には民主主義を上から破壊する役割を果たしてきた。市民社会の発展を抑制する機能を発揮してきた歴史事実を振り返るとき、繰り返えされた議論だが、権利と自由の対立軸を一貫して形成してきた弊害をまずもって確認しておく必要がある。要するに、権利と自由の葛藤の狭間に国家緊急権、すなわち、今日の言う有事法制の問題が横たわっているのであって、単純な「国家と国民の備え」の問題にすり替えてはならないのである。

有事法制問題には、このような問題が内在しているがゆえに、国家緊急権規定不在の現行憲法が制定公布されて以来、実は主要な憲法問題としても有事法制論議が連綿として続けられてきたのである。現行憲法が緊急権規定を欠いているが故に、近代憲法としては「欠陥憲法」あるいは「未完成の憲法」という議論である。

最大の有事法制としての日米安保条約

もちろん一連の有事法制論議の背景のもう一つの要素として日米安保を媒介とする対米関係あるいはアメリカのアジア軍事戦略との絡みも指摘しなければならない。実はこの日米安保自体が最大の有事法制として位置づけられるものであり、その点からして現行憲法制定四年後の一九五一年六月には、実体としては現行憲法体制には条文外に有事法制が組み込まれていくことを忘れてはならない。

つまり、日米安保条約という名の今日における最大の〝有事法制〟を砲口として、さらなる新種の有事法制を現行の憲法体系に打ち込もうとし、それに積極的に便乗しつつ、再び危機対処の実行主体としての地位獲得に乗り出そうとする防衛庁やその外郭団体の一連の動きが終始有事法制論議と有事法制研究をリードしてきたのである。それが、憲法改悪の動向と軌を一つにしてきたことは言うまでもない。

その点から、結論を先に記しておけば、いまなお、有事法制の名によって国家緊急権問題に政府・防衛庁がこだわり続けるのは、第一に緊急権規定の不在を一つの突破口に憲法「改正」の動きを加速すること、第二にアメリカの軍事的要請に応えるために対米支援法としての有事法制を整備し、同時的に自衛隊の役割期待を高め、軍事国家日本の内実を準備すること、である。そこでは、市民主体の安全保障体制の確立や市民参加型の危機対処の発想は言葉以上のものは見られず、緊急権の発動によって不可避とされる市民の人権の侵害や自由の拘束についての無頓着さが露呈している。

従って、戦後日本の有事法制論議は一貫して現行憲法とのせめぎ合いのなかで、その具体化が進められてきたのであり、その点で有事法制研究の進展は、同時に現行憲法の空洞化を意味した。それゆえ、国家緊急事態法＝有事法制が近代民主国家の運営にとって、どのような合理性を持つのかという冷静で客観的な評価や検討は十分でなかったのである。

そこで小論では以上の留意点を念頭に据えつつ、日本の再軍備と時を同じくして開始された有事法制論議を跡づけておきたい。ここで有事法制という場合は、警察法（一九五四年六月公布）や災害対策基本法（一九六一年一一月公布）、あるいは大規模地震対策措置法（一九七八年六月公布）など、既に実定法として存在する国家緊急権とは別の、具体的に言えば軍隊（自衛隊）の使用を前提とする緊急権体制を示している。前者の緊急権が国会（議会）の統制下に置かれているのに対し、後者は、何よりも国会の統制を逸脱し、現行憲法の精神や理念を反故にする内容を多分に秘めたものとしてある。

従って、有事法制論議という場合は、専ら緊急事態に軍事力の投入を不可避とする有事法の制定運動のことである。従って、それは現行憲法における緊急権の不在性への異義申し立てとしてあり、その限りで憲法改定運動と表裏一体の関係をもつものである。換言すれば、有事法制の制定運動とは、もう一つの憲法改定運動なのである。

三矢研究以前の有事法制論議

自衛隊法および防衛庁設置法の制定に際し、保安庁の第一幕僚部が保安庁長官に提出した「保安庁法改正意見要項」（一九五三年）と題する文書が有事法制論議の嚆矢と言える。同文書の「5行動及び権限C防衛出動準備」では、「（1）外的の侵略が兵力の集中、或は近隣諸国への侵略などにより明白になりそのおそれが極めて大となったとき、予め自衛隊を侵略予想地に集中し、又は沿岸配備につける等応急措置をとる必要があるので、防衛出動を命じ得るようにする」と提言していた。

この場合、防衛出動は緊急性・迅速性の性質から国会での事後承認を求めるものとし、さらに最終的にはこれらの防衛出動態勢や部隊の集中・展開、陣地構築などが迅速に実行されるために、「非常緊急立法」の国会での議決を必要としている。事実、同要項には、「非常緊急立法を別に定めること――出動の場合必要とする非常戒厳、非常徴発法等又はその他の国内法の適用除外、特例或いは特別法については非常緊急立法として、別に定めること」と早くも緊急権の法制化を主張していたのである。

この要項に対して保安庁内局は、その趣旨への理解を見せたが事実上第一幕僚部の有事法制策定構想に不同意を示していた。

ここでは、制服組の要請として提起された有事法に対して、背広組である内局が現実問題として有事法を制定するだけの切迫感＝緊急性を見出し得ない状況下で、政治的判断として非合理的であるとの認識を示したのである。しかし、この論理は切迫感が存在する場合、有事法の立ち上げが必要との判断を示したことになる。実際に、内局も状況的理由から時期早尚としただけで、「国会へ提案し得るよう準備」しておく必要性を認めていた。自衛隊創設に先立ち、制服組主導の有事法制論議が内部で始まっていたのである。

自衛隊創設と防衛庁設置により軍事機構の整備が本格化するに伴い、有事法制研究が防衛庁を中心に活発化していく。その代表事例が陸幕監理部法規班の作成の「旧国防法令の検討、その基本法令」（一九五四年一一月）、法規班長私案「長期及び中期見積における法令の研究」（一九五七年七月）、防衛研修所「列国憲法と軍事条項――政軍機構のあり方」（一九五六年）、陸上自衛隊幹部学校「人事幕僚業務の解説」（一九五七年一月）である。

このなかで特に注目されるのが、防衛庁の委託を受けて大西邦敏（当時早稲田大学教授）が執筆した「列国憲法と軍事条項」である。それは、主に行政型緊急権として戒厳制度について詳細に論じ、内閣が戒厳の宣言を可能とする緊急権の規定を説き、戒厳令による非常事態の克服が提言されていた。しかも、「戒厳は戦時又はこれに準ずる内乱時に宣告するばかりでなく、公共の安寧及び秩序を保持する必要がある経済的非常時、伝染病の大流行時その他地震、大風水害等の大災厄時にも戒厳を宣告し得る余地を残して置くのが最近の世界の一傾向であるから、わが国にでもこの傾向に従うことが望ましい」（同書、九頁）と論じていた。

ここには、要するに自然的かつ民事的脅威を口実に戒厳規定の必要性を提言するという、以後有事法制論議の常套句となる説明を行っている。自然や民事と軍事との線引きを曖昧にし、事実上これを同次元で一括しようとする弁証法の起源がここに見出されると言って良い。軍事目的を民事目的と恣意的意図的に混同させ、民事法という形態のなかに軍事法を滑り込ませる手法が定着していくことになったのである。

また、陸上自衛隊幹部学校の作成による「人事幕僚業務の解説」（一九五七年一月）は、有事における対住民対策の基本方針が明らかにしている。「第一一章　渉外業務」で、「渉外業務」とは「陸上自衛隊が地方官民に対して行う業務」とされ、「旧軍の戒厳に準ずる」とした。「4渉外の主眼」とする項目では、「a地方機関及び住民を密に作戦に協力させる　b地方諸機関および住民に作戦を妨害させせない　c作戦上許す限り住民を保護する」とし、国内では「渉外業務」規定において、実質的な戒厳令を布き、合囲地境の戒厳において自在な作戦行動の展開を確保したいとする純軍事的な欲求がすでに存在していたのである。

有事法制の原型

この他に、防衛庁防衛研修所作成の「自衛隊と基本的法理論」（一九五八年二月）が憲法改定を前提に国家総動員の全面的導入を提起している。同文書は、保安庁法の改正が検討された際に、自衛隊の防衛出動任務が付与されることと関連して、防衛出動状況が「有事」を想定したことから必然的に非常事態法の策定が俎上に上がった経緯があった。

同書では、「第一二章　防衛の組織並びに基本的運営に関する法令の整備　第二款　戒厳」の項を設け、「新戒厳法にあっては、その命令権者をどこに置くか（内閣総理が国会の承認を得て発令することを原則とし、国会閉会中は、事後承認を得ることを条件とすることを適当とするだろう）又その地歩の最高権限を地方総監におくか、戒厳司令官におくか（総力戦の現代的傾向は、完全な軍政を布くより、民政を主とし、軍が之に協力することの方が望ましいのであろう）、警察及び消防機関との協力及び指揮関係（戒厳司令官の配下に置くを適当とする）」としたうえで、「新戒厳法に最低限度必要な事項」を列挙している。

ここに列挙された人的資源の動員法は、国家総動員法が制定公布されて以後、日中全面戦争の開始（一九三七年七月七日）から日米開戦（一九四一年一二月八日）までの間に制定された有事法制を殆どそのまま蒸し返した内容に過ぎなかった。

それればかりでなく、戦前期の国防保安法を参考としながら、有事体制を保守する目的で「国家秘密保護の規制」（同章第二節第一款）や「内乱、利敵行為等に関する処罰の規制」（同第二款）を設けて防諜体制の確立を図り、動員システムが円滑に作動するための国民監視と抑圧の法整備が検討されていたのである。また、国家緊急権に関する研究の確実に進められていた。

これまでに挙げた有事法制案は現在判明しているうちの一部に過ぎないが、それらは現行憲法の存在を正面から否定ないし無視した内容となっていることである。そこには有事法制案作成者の旧態依然たる憲法認識を窺えると同時に緊急事態法そのものが軍事法と同一視されていることが明らかである。そうした基本的スタンスは、有事法制論議が一気に浮上する契機となった所謂「三矢研究」において全面展開されるのである。

世論の批判にさらされた三矢研究

日米安保改定（一九六〇年五月）を経て日米軍事関係が形式的に「双務性」としての性格を帯びるに至り、防衛庁内には日本の自衛隊及び防衛機構が一定の役割を発揮するために、包括的かつ体系的な有事法制の整備とその政治的正当性を獲得する行動指針確立への宿願が蓄積されていた。

それが一気に政治問題化し、世論に深刻な衝撃を与えることになったのが「昭和三八年度統合防衛図上研究」（通称「三矢研究」）である。同研究は統幕会議の制服組が第二次朝鮮戦争を想定して、日米共同作戦の内容や、国家機構および国民の戦争動員体制の確立が検討事項とされていた。

同研究は、（1）核兵器使用について、（2）「日米統合作戦司令部」について、（3）非常事態措置諸法令の研究について、を検討事項としていたが、このなかで、戦術核兵器の使用が明記された点と同時に、何よりも戦前期の軍事立法を模範とし、既存の自衛隊法の限界性を含意しながら、より包括的かつ実際的な「非常事態措置法令」の整備を目標としていた。そこでは法令の国会通過を前提とし、国民合意や議会統制は当然視するものであった。ここでは非常事態を絶対条件とすれば以上の課題は簡単に克服されるとする極めて安直かつ危険な認識が露呈されていた。

なかでも、「非常事態措置諸法令の研究」の内容は、（一）国家総動員対策の確立、（二）政府機関の臨戦化、（三）戦力増強の達成、（四）人的・物的動員、（五）官民による国内防衛体制の確立、が骨子とされていた。そして、これを具体化する方策として、「戦時国家体制の確立」の要件として、国家非常事態の宣言、非常行政特別法の制定、戒厳・最高防衛維持機構や特別情報庁の設置、非常事態行政簡素化の実施、臨時特別会計の計上などを挙げていたのである。

これに加えて、「国内治安維持」として、国家公安の維持、ストライキの制限、国防秘密保護法や軍機保護法の制定、防衛司法制度（軍法会議）の設置、特別刑罰（軍刑法）の設定が検討されている。さらに、「動員体制」として、一般労務徴用や防衛徴集・強制服役の実施、防衛産業の育成強化、国民衣食住の統制、生活必需品自給体制の確立、非常物資収用法（徴発）の制定、強制疎開の実行、戦災対策の実施、民間防空や郷土防衛隊・空襲騒ゆう防衛組織の設立、が明記されている。

こうした内容の「非常事態措置諸法令の研究」は、形式上国会での議決を経て軍政に移行するという「日本有事」におけるシナリオであった。包括的有事立法としての三矢研究は、要約して言えば労働力の強制的獲得（徴用）と物的資源の強制的獲得（徴発）を政府機関の臨戦化、すなわち内閣総理大臣の権限の絶対的強化によって実現すること、有事徴兵制や事前の徴用と徴発、防諜法の制定、軍法会議・軍事費の確保など、自衛隊が軍事行動を起こす上で不可欠な要件を一挙に立ち上げる狙いが込められていた。それは、憲法を全面否定した内容であり、戦争態勢を平時から準備する「政府機関の臨戦化」が、戦前期の有事法の集大成とも言うべき国家総動員法を模範としていたこともあって、世論の厳しい批判にさらされることになる。

有事法制研究の新たな展開

三矢研究の「非常事態措置諸法令の研究」は、それ以後多くの有事法制案を生み出して行く。一九六三年一〇月、航空幕僚監部総務課法規班が作成した「臨時国防基本法（私案）」もその一つであった。

岡崎義典事務官（当時空幕総務課法規班長）の作成とされる同法案には、「第五章　国家非常事態における特別措置」の章が設けられており、「（内閣総理大臣は）緊急に措置しなければ、当該事態に対処できないと客観的に認められる場合は閣議に諮った上、全国又は一部の地域について国家非常事態の布告を発することができる」（第五〇条）として内閣総理大臣（内閣行政権）の国家非常事態における指揮権を与え、総理大臣が一旦国家非常事態の布告を発した場合には、地方自治体の業務を統制（第五三条）し、あらゆる既存の法律を凌駕することが可能（第五四条）となり、国民を自衛隊または郷土防衛隊の行う防衛活動への強制従事命令権（第五五条）を持ち、国家非常事態の宣言下にあって労働者のストライキ権など労働者の固有の権利を剥奪する権限（第五八条）をも併せ持つとされた。

より具体的な箇条書き的に挙げておけば、①中央に国防省・国防会議を設置して、国防計画を始めとする中枢の業務を担当させ、地方行政の統合強化を図るため総理府に地方行政本部を設ける、②国防省の外局として「郷土防衛隊」を置き、都道府県にそれぞれの「郷土防衛隊」を置いて、「陸上自衛隊の方面総監の命令」下に、必要ある場合には武器を使用させる、③国防上の措置としては、「国民の国防意識の昂揚」に努めるほか、「国防上の秘密保護」に関する必要な措置、国防訓練や物資の備蓄等を行わしめる、④内閣総理大臣は、「国家非常事態の布告」を行う権限を有し、緊急事態下で必要の範囲内で、国および地方公共団体の機関の行う業務を統制できる。

また、非常事態布告の場合には、何人も「造言飛語」をしてはならず、公益事業従事者はストライキやサボタージュ等の行為を行ってはならないし、さらに「公共の秩序を乱す者」などは「一定期間拘禁」されることになる、という内容だった。

ここまで来ると、非常事態への過度的措置として、一時的な基本的人権の制約というレベルを通り越し、非常事態を口実とした恫喝による民衆の軍事的統合と抑圧の法として有事法制の整備が構想されていた。「郷土防衛隊」設置構想は、かつて沖縄戦下において、軍人・軍属として招集されなかった大方の沖縄の人々をことごとく「防衛隊」として軍事組織化していき、正規軍の補完部隊として前線に送り出された歴史を想起させる内容を含むものであった。

内閣総理大臣に絶対的集中的権限を付与する私案は、国家非常事態体制の中核的指導部をどこに据え置くかについての判断を明らかにしたものとして注目されるが、軍事的緊急権の法的表現としての有事法制が、結局は内閣行政権の絶対化を常に不可避とする性質にあることを、ここでは遺憾なく現しているのである。

三矢研究以後の有事法制研究

「三矢研究」は一九六五年二月一〇日、衆議院予算委員会の場で岡田春夫議員(当時社会党)によって暴露され、世論に大きな衝撃を与えた。それが戦前の有事法制を再現したものであったこと、また、現行憲法への抵触ぶりが批判の対象となったが、その一方では推進勢力は世論の批判を回避しつつも、これを奇貨として有事法制論議を活発化させていった。

例えば、防衛出動・治安出動研究の最大の問題点の一つであった「国家緊急権」の法理と運用の実際について考究した陸上幕僚監部法務課「国家緊急権」（一九六四年七月）と題する報告書がある。また、自衛官充足に対する抜本的教化策、基地問題解決の基本対策、有事における必要物資の調達および備蓄と人的条件、道路・港湾・運輸・通信等における防衛支援体制、救護避難対策など国民保護の諸対策、非常事態策、防衛力発揮の法制的諸条件を検討した国防会議幹事会作成の「国防総合計画作成のための検討事項基本計画」（一九六四年七月）をはじめとし、さらに当該期から七〇年代にかけて、防衛庁内の研究機関でも国家緊急権や非常事態法制の研究が活発となっていた。

もう一つこの六〇年代から七〇年代の有事法制研究の特徴は、以後の有事法制の全体的課題を網羅的に示したものであり、国防会議のレベルで有事法体制の骨格がこの時点で大枠が形成されていたと見てよいであろう。事実、これ以後有事法体制創りの一環として教育現場や地域社会を含めて、マスコミや政府公報を動員しての防衛意識の発揚や国家意識の注入への作業が目立ってきた。

とりわけ、一九六五年六月の日韓基本条約の締結によって、日本の朝鮮半島分断政策の現状の積極的な容認と朝鮮民主主義人民共和国（北朝鮮）に対する露骨な敵対政策が明白になると、この対朝鮮政策との絡みで防衛庁参事官会議は、内局を中心にして非常事態策の推進を決定する。それは、翌年一九六六年二月に作成され、本格的な有事法制準備のスタートとなった「法制上、今後整備すべき事項について」であった。

このなかで注目されるのは、「非常事態の処理」の項だが、そこには「非常事態における特別措置（非常事態における特別措置に関する法律）＝非常事態の布告の手続き、及びこの布告があった場合における首相が採る特別措置、その他所要の事項を定める」との記述しかない。しかし、明らかに非常事態法＝有事立法制定への強い関心が読み取れる。

そうした事例を一部確認しておくならば、防衛庁内局の法制調査官室が一九六六年二月に作成した「法制上、今後整備すべき事項について」と題する「研究要綱」には、前年の一九六五年八月に、「非常事態発生の際に自衛隊が支障なく行動できるようにするための法令整備の検討」が進められ、自衛隊法を改正して出動する自衛隊に特別な権限を付与し、戦力として効果的な運用が課題として指摘されており、これを受ける形で、あらたな有事法の立ち上げが浮上してきた経緯があった。

なお、この文書は、先に自民党国防部会が作成し、一九六七年六月まで秘匿され続けた「防衛体制の確立についての党としての基本方針」（一九六一年五月二九日）を起点とする国家総動員体制構築を強く志向するものであった。

公式化された有事法制研究

一九七八年七月一九日、栗栖弘臣統幕議長が週刊誌上で自衛隊の緊急時における「超法規的行動」を容認する旨の発言は、是非論を含めこれ以降の有事法制論議に拍車をかけることになった。とりわけ、福田首相が栗栖発言を受ける形で、同月二七日の閣議の席上で有事立法研究の促進を指示した。

それは、早くも同年九月二一日に防衛庁が「防衛庁における有事法制の研究について」を発表した以後、堰を切ったかの如く有事法制案が次々と登場してくる。

このように、有事法制論議の第二段階の特徴は、論議や研究が政府の認知を受けて公然化し、この時期に今日まで連綿と続く有事法制の骨格が形成されたことにある。それは同年一一月二七日、日米安全保障委員会が「日米防衛協力の指針」（ガイドライン）を決定し、日米軍事対処行動の内容が明らかにされたように、日米安保の強化が進められた事実と深く連動したものであった。

福田首相による有事法研究の指示は、確かに日米安保条約の強化や実質化を要求するアメリカ政府およびアメリカ国防総省（ペンタゴン）の要求の受け入れという事情が背後にあったにせよ、政府が正面切って有事法研究に着手したことを意味した。同時に、それは立法行為の性格上からしても国家総がかりで有事体制創りに乗り出したことを国の内外に宣言するに等しい行為でもあったのである。

防衛庁も自衛隊が「防衛出動」する際、道路交通法・海上運送法・港規法・航空法など、自衛隊の軍事行動を制約する恐れのある現行法の改定・修正を視野に入れた諸法令案の検討を本格化する。この動きは防衛庁だけでなく、自民党国防問題研究会が作成した「防衛二法改正の提言」（一九七九年六月）によっても拍車がかけられていく。

そこでは、「防衛出動時に必要とする総合的な法令については別途研究」するとしながら、当面は「国際条約、国際法に関連する法令の整備」をまず急ぐべきとした。具体的には、自衛隊法第八四条（領空侵犯措置）に、「国際法規慣例に従い」必要な措置を講じる内容を明記すること、自衛隊に対する奇襲（不法行為）に対処するために、「自衛隊の部隊および自衛艦の自衛、自衛隊法第九五条に掲げる防衛物件の防護、自衛隊の使用する船舶、庁舎、営舎、飛行機、演習場その他の施設の管理保全のための警備を行う」ことの規定を追記すること、などが盛り込まれた。

要するに、日米共同軍事作戦の発動を見込んだ自衛隊の海外派兵と、その当然の帰結としての集団的自衛権行使と、自衛隊の海外派兵への道を押し開こうとしたのである。それはまた、国会の承認を必要とする内閣総理大臣の防衛出動命令がなくとも、現地指揮官の判断で武力行使を可能とするための法律の制定を実質要求することになったのである。

スローガンとしての危機管理論

一九七八年六月二一日、防衛庁は有事における陸海空三自衛隊の対処方針を確定するため「防衛研究」を同年八月から開始すると発表した。この「防衛研究」には統合幕僚会議、陸海空各幕僚監部の制服スタッフと、これに内閣の防衛局防衛課員など二〇名余りが参画した。

「防衛研究」は防空戦闘・海峡防衛・沿岸防衛などの基本防衛方針を確定した後、特定地域への敵侵攻を想定した作戦運用の研究段階に進み、最終的にはこれらを踏まえて実際の防衛力整備や法律改正の段階に入る予定とされた。「防衛研究」は、先に国会で暴露され世論の激しい批判を浴びることになった「三矢研究」の事実上の焼き直しであった。

確かに「三矢研究」では、①戦争指導機構、②民間防衛機構、③国土防空機構、④交通統制機構、⑤運輸統制機構、⑥通信統制機構、⑦放送・報道統制、⑧経済統制などに関し、合計で七七件の国会提出案件を予定するものとされ、このうち一〇件は国家総動員体制に移行するとされていた。これらを実現させることは当然ながら現行憲法に抵触すると考えられており、それゆえに平時から有事立法を成立させておきたいと考えているのである。このような有事法制の整備を押し進める上で準備されたスローガンが危機管理論であった。

その代表例として、財団法人平和・安全保障研究所が作成した「我が国における危機管理の軍事的側面」（一九八〇年四月）がある。その第六章「非国家的集団による敵対行為と危機管理」には、とりわけハイジャックやテロ対策の観点からする危機管理への国民的関心を喚起する必要性を強調しつつ、危機管理論の普及を早急に図ることを提言する。この政府の危機管理態勢が整備されたとしても、危機管理への国民的覚醒が確保されなければ無意味とする議論を展開している。

この時期、防衛庁は有事に対応して整備すべき法令の三区分として第一分類（自衛隊法など防衛庁所管の法令）、第二分類（防衛庁以外の他の省庁所管の法令）、第三分類（所管省庁が明確でない法令）とし、一九八一年四月二二日には第一分類の検討を終了し、さらに一九八四年一〇月一六日には第二分類の検討がほぼ終了したことを明らかにした。そして、残りの第三分類に関しては、防衛庁から内閣安全保障室に検討の権限が委譲されたことから内容の詰めが急速に進められ、そこでは民間防衛や立入禁止措置・強制退去措置などが市民生活に深く関連する事項が検討の対象とされた。

さらに、道路法・河川法・森林法・自然公園法・建築基準法・医療法、それに墓地や埋葬等に関する法律、関係政令・総理府令・省令などの法令が特例措置の追加によって有事対応型の法令に改定されたのである。つまり、既存の市民の生命と安全を保護するための〝市民のための法〟体系のなかに、軍事が持ち込まれたのである。

総合安保論の登場

広い意味における危機管理論として、一九七三年一一月に始まる石油危機を機会に、それまでの国際経済秩序が動揺を来たし、国際政治への第三世界の登場や、それを主な要因とする米ソ二超大国の政治的軍事的な力量の低下という状況を背景に国内ではアメリカへの一方的な依存を基調としてきた日本の安全保障政策を見直す動きが出てきた。それがアメリカの危機管理論（マネイジメント・クライシス・セオリ）を手本にした総合安全保障論である。

これらの研究報告書にほぼ共通しているのは、想定できるあらゆる「危機」に、あらゆる手段を総動員して積極的に管理統制していくことで、八〇年代的危機に柔軟に対応し、新たな統治システムの完成を視野に入れた危機管理体制＝総合安全保障体制構築の必要性を提言したものとなっていることである。

この場合、安全保障の分析概念は、「①護られるべき価値（目的）、②外からの脅威・危険、③価値を脅威・危険から護る方法（手段）という三つの側面を内包している」（日本経済調査協議会『わが国の安全保障に関する研究報告』）とされるように、国家の目的・価値を国家の内外からの脅威・危険からどのような方法・手段で護るのか、言い換えれば価値・目的――脅威・危険――手段・方法を有機的に把握し、まさに〝三位一体〟の概念として位置づけようとするものであった。それは価値・目的は不変であっても、脅威・危険の対象領域の飛躍的拡大と危機回避手段と方法の多様性の増大という点で従来の安全保障概念と区別される性質を持ったものとしてあった。

そこにおける危機の内容は、軍事的危機・政治的危機・社会的危機・経済的危機の四つに類型化される。軍事的危機とはソ連の軍事行動、ソ連と中国の軍事衝突、周辺大国の内乱、中東紛争、朝鮮の動乱などを含み、政治的危機とは米欧との経済的摩擦、周辺大国の恫喝（フィンランド化）、韓国・台湾の核武装、産油国・資源国の恫喝を、社会的危機とは大震災・コンビナート等の大事故、食糧輸入の途絶、テロ、金融パニック、海洋汚染、伝染病などを、経済的危機とは石油輸入の途絶、ウラン輸入の途絶、通貨混乱、経済戦争、恐慌などを指すとしている（『国際環境の変化と日本の対応』）。つまり、これらの危機の対象は、およそ想定し得る自然的・個人的・世界的規模に及んでいるのである。

このような対象領域の無制限の拡大は、職場、地域社会、個人の日常生活まで危険の存在を関知させることになる。国民には、それを現実的な課題として危機意識を自覚させ、危機状況への積極的かつ自覚的な対応を要求する。要するに、ここで総合安保論は想定し得るあらゆる危機に、あらゆる手段・方法を総動員的に使おうという所に基本的な特徴がある。換言すれば、軍事的危機に対応するに非軍事的な手段の採用をも含むものであったが、主眼は石油危機のような非軍事的な危機（経済的危機）にシーレーン防衛構想のように軍事的手段の行使の採用を優先的に選択しようとする論理を秘めたものとしてあった。

危機管理構想が意図するもの

総合安保論は、平時と非常時（有事）の一体化および国民統合を限りなく志向するものであり、危機管理体制と言う名の有事法制の一環として捉えられる。危機管理とは、「国家の直面する種々の危機、あるいは緊張状態を可能なかぎり管理可能なレベルで制御するための、外交、経済、文化、政治、軍事すべての総合的諸活動の体系化」（野村総合研究所『国際環境およびわが国の経済社会の変化をふまえた総合戦略の展開』）と定義される。

そして、危機管理構想による危機管理体制の確立に関連して、『八〇年代の通産ビジョン』には、「危機が現実化し、経済の安全が脅かされる場合に、被害を最小限にとどめ、かつ、できるだけ速やかに回復させるため、あらかじめ危機管理体制を確立しておく必要がある。急激な変化に耐えられる柔軟な社会組織、産業構造、企業体質、国民の生活様式をつくりあげなければならない」との記述がある。

ここで言う「急激な変化に耐えられる柔軟な社会組織、産業構造、企業体質、国民の生活様式」の具体的な内容は明らかにされていないが、経済的分野における受益者負担の徹底化による私的利害意識の助長、それによる公共財の消費抑制、あるいは公共財を国家安全保障能力強化のために優先的に消費する防衛費多消費型の財政政策の確立が念頭に据えられていよう。

また、政治的分野でも保守一党支配の非安定性を補強する中道勢力への梃子入れと保守的な傾向を顕在化させてきた〝革新〟勢力の再検討、国内における産業構造では、従来型の自動車・造船・機械を主軸とする資源多消費型の産業構造から知識集約型・サービス産業への構造的転換、企業体質として利益第一主義を是正して地域住民への利益還元を図り、それによって企業批判を緩和し、企業自体も積極的に地域共同体の中核としての役割を果たすこと、さらに、生活様式では省エネキャンペーンを通して国民に浸透している大量消費志向の抑制と、それによる資源節約・備蓄への国民的同意の獲得、などが勘案されていよう。

さらに、付け加えておけば、三菱総合研究所の『日本経済のセキュリティに関する研究』では、危機管理政策として経済・技術協力、資源開発への投資・参加によって経済交流を常時実行し、緊急物資・資源の備蓄、配分体制、情報収集とそのチェックシステムの確立を図る「危機回避策」、危機即応ステーション設置、資源の備蓄量・消費節約量を調整する国内経済政策の実施、脅威に対する拒否抵抗力の明示を図る「危機対応策」、危機のトップ管理と明確な状況評価に基づく一貫した国内政策を遂行し、対外政策として紛争解決能力国と協調団結して強制手段の行使を準備する「危機収拾策」の三つに段階区分することで、状況の推移に応じて対処可能な政策体系を確立しようとする案を提言していたのである。

こうした危機管理構想の実体化には、政治権力が高度な中央集権性を発揮することが当然に期待されてくる。そのために職場における労働管理、学校教育における愛国心の培養、マスメディアによる情報操作などによって、個人的レベルにおける横のつながりを孤立化・分断化する危険性が再三指摘されることになる。

包括的有事法制とは

米ソ冷戦構造の終焉という国際政治のドラスティックな変化を受け、危機管理組織の中心的組織としての自衛隊の積極的位置づけが、湾岸戦争を絶好の機会として強行された。すなわち、掃海艇のペルシャ湾派兵（一九九一年四月）、ＰＫＯ協力法（同年一一月）による自衛隊軍事力の海外派兵の既成事実化のための示威行動と法制化が強行されたのである。

そして、アメリカ軍事戦略の「地域紛争対処戦略」（MRC）への転換と、太平洋からペルシャ湾に展開可能な唯一の前方展開部隊としての在日アメリカ軍・第七艦隊を支援する自衛隊および日本の支援態勢を確認した新ガイドライン合意（一九九七年九月）は、平時・戦時を問わず日米協力の細目を具体的に取り決め、より包括的な軍事協力体制を確約したもので、新ガイドライン合意こそ、有事立法を促進するこの段階における最大の契機でもあった。その結果、周辺事態で実に四〇項目にものぼる協力事項を約束することになったのである。

新ガイドライン合意と有事法制研究との関連性を整理しておけば、第一にアメリカの軍事戦略に呼応するものとして日本の有事法が規定されることになったこと、第二に周辺事態（周辺有事）とは基本的にはアメリカの有事であり、広範多義な解釈のなかで有事が想定されている関係上、日本の有事法も極めて広範多義な内容を持たざるを得なくなっていること、である。このことが、有事法のさらなる促進に拍車をかけている。

しかしながら、一連の有事法研究とその実体化は、ある意味ではいま始まったばかりである。罰則規定や損欠補償の条項を備えた、より完結性の高い本格的な有事法の立ち上げが今後急ピッチで俎上に上げられよう。それで最終的な有事体制の目標が、日本有事、周辺事態、災害・治安出動など、あらゆる「有事」に相応可能な法制の整備にあることは、既に多くの指摘の通りである。有事体制の確立のためには、個別的な領域にのみ有効な法体系では所詮限界があるのであり、いわば総合的かつ包括的な有事法の整備を不可欠とする。

自民党安保調査会・外交調査会・国防部会・外交部会が周辺事態法の法案提出に先立って作成した「当面の安保法制に関する考え方」（一九九八年四月八日）と題する文書によれば、法案の国会提出を急ぎ、合わせて所用の法整備を図ることが肝要であるとし、有事法制研究については、政府が従来採ってきた国会提出を予定した立法準備ではない、という前提条件を早急に改めるように要請している。

そして、具体的な法制の整備は、「今国会における国会会期の状況をも踏まえ、次期国会以降とし、既に研究成果の報告がなされている第一分類（防衛庁所管の法令）、第二分類（他省庁所管の法令）については、次期国会以降速やかに法制化を図り得るよう、所要の準備作業に着手すべきである」と、以後に召集される国会においても、継続して有事法の立法化促進を政府に強く要請している。

要するに、懸案事項である大方の有事法制を一気呵成に成立させてしまおうというのである。ここに示されたスタンスは、自衛隊法の改定やＰＫＯ協力法の改定など、個別的な法制度の見直しや法制度の立ち上げではなく、あくまで危機管理型の「総合・一貫した法体系」の立ち上げであり、文字通り包括的な有事法制度である。

新有事法の位置

より具体的に言えば、一九九七年一一月に防衛庁の外郭団体である平和・安全保障研究所が公表した「有事法制の提言」に示された「国民非常事態法」成立が目論まれているのである。「非常事態法」の研究自体は、既に活発に実施されてきたものだが、頭に「国民」を冠して国民寄りのニュアンスを持たせたところに、かえってきな臭さを感じる。

その「国民非常事態法」の内容を簡単に紹介しておけば、（１）「非常事態」概念の明確化、

（2）首相が国会の同意を得て非常事態を宣言できることの規定、（3）非常事態の有効期間を六カ月に限定し、期間の延長は国会の議決を要すること、（4）首相は非常事態の宣言をもとに、法律により首相権限を強化できること、（5）国会の非常事態宣言の承認、修正、撤廃などを議決できることを明記すること、（6）非常事態宣言に伴って、政府が立法化できる有事法制を規定し、これらの有事法制は予め国会に提出して審議を求め、非常事態の宣言とともに立法化の措置をとること、（7）首相は国会に諮って非常事態の終結を宣言できること、（8）非常事態で国民が侵害を被った際、政府の賠償、現状回復などの責任を明記すること、の八項目に要約できよう。

一読すれば解るように、ここでは首相権限＝行政権の実質的な意味における無限定な拡大強化が意図され、文字通り行政権の肥大化＝高度行政国家への転換が明確に射程に据えられているのである。すなわち、外部からの武力攻撃、治安問題、経済的混乱、大規模自然災害など「非常事態」を想定し、この認定権を内閣行政権とその長（首相）に付与することで、恣意的な「非常事態」の〝創出〟を可能とし、「非常事態」への対応措置を口実に自在に市民社会を統制管理し、さらには抑圧体制のなかに組み込むことを、包括的有事法制によって実現しようとしたのである。

ここで中心に据えられている「非常事態」の想定は、市民社会における諸個人の人権に関わる問題ではなく、国家の危機を全体化することで、国家利益を軍事力など合法的暴力装置を自在に起動させ、事実上の軍事警察国家日本への改造を押し進めようとするものなのである。

それで、大規模な自然災害に対するボランティアの自発的主体的かつ民主的な動きを国家や行政がサポートするような発想は全く見られない。自然災害にも国家による強面の管理統制が強行されるように、政府の言う「非常事態」にも、国民の声や市民社会の論理を完全否定したうえでの対応措置が図られようとしている点で、それは勢い非軍事的な問題への対処にも軍事的な対応を安直に選択してしまうスタンスを用意することになる。その結果、常に国家暴力が内外の領域に向けて放射される体制を準備することになるのである。

内閣行政権の拡大と連動

今後、政府・防衛庁が企画する有事法は、「国民非常事態法」に盛り込まれたような包括的で無制限に内閣行政権に全権を委任する性質の法律となることは間違いない。その意味で周辺事態法は、「国民非常事態法」をより現実的なレベルにまで接近させるためのワンステップに過ぎないという捉え方も可能である。なぜならば、今回の「周辺事態法」は、既に指摘したように、罰則規定や損失補償などの規定が不在であるなど、有事法としてはいくつかの不完全性・非完結性を持ったものとしてあるからである。

そのなかで特に注意しておきたいことは、次の有事法において、「国民の安全・生命・財産」がキーワードとして多用されてくることである。

例えば、一九九九年三月、経済同友会安全保障問題委員会が作成公表した「早急に取り組むべき我が国の安全保障上の四つの課題」には、「我が国自体の有事や緊急事態に備えた法制も速やかに整備することを求めたい。これなしには、我が国の安全保障の基本である国民の安全と生存そのものを、直接確保することすら困難と思われる」としている。また、江間清二防衛事務次官は、有事法制の主要なテーマの一つとされる国民の生命・財産の保護に関する法制の立ち上げに関連して、「国民の生命・財産に関わる法制、つまり待避とか避難、幅広くとらえればいわゆる民間防衛のような分野まである」（『朝雲』一九九九年六月号）と述べている。

民間防衛とは、自衛隊が国民を防衛することではなく、かつてアジア太平洋戦争時において沖縄戦において展開されたように軍民混在による住民の強制的軍事動員を意味することであるが、何れにせよ、ここでは在日外国人を含まないという意味での「国民」の「安全・生命・財産」が繰り返し説かれ、戦争法である有事立法反対の動きを封じる試みが巧みに施されようとしているのである。

そして何よりも、「周辺事態」の認定者が事実上アメリカ（軍）であることは、日本政府・防衛庁や国内有事法推進者の必ずしも本位ではない。いわば、まずは外堀を埋めるべく外向きの有事法を立ち上げ、その不完全性・非完結性を具体的事例を示しながら、より「完全」な有事立法を段階的に立ち上げていくシナリオが、事実上政府・防衛庁ではほぼ出来上がっているとみてよい。

そこでの新有事法制に冠せられた名称が「安全保障基本法」や「国民非常事態法」あるいは「国民保護法」であれ、実際には軍事的緊急事態法としての有事法制が制定されようとしているのである。そこでは繰り返すが、決して自然的かつ民事的なレベルでの危機対処法としての有事法制でないことが小論で概観してきたことからも明らかであろう。

（『世界』二〇〇二年五月号）

有事法制をあらためて批判する

有事法制の成立は、間違いなく憲法の目標が全否定された事件として記憶されるに違いない。私たちは憲法前文で、戦前期日本の軍国主義の歴史を教訓とし、政府の行為よる「戦争の惨禍」が〈国民の安全〉を二度と脅かさないために、非軍事化と平和的共存の途を歩むことを誓ったはずだ。いま、この憲法原理が根底から破壊されようとしている。そこでは極めてご都合主義的に想定された〈国家の危機〉が、直ちに〈国民の危機〉にすり替えられ、あらゆる危機を「有事」として一括して捉え、これに軍事的な対応を敢えてなそうとする。その結果は、「有事」に備えるという口実で〈国民の安全〉を脅かし、不安な社会を生み出すだけだ。

それで有事法制が孕む多くの問題点の第一に挙げるべきは、それが従来型の戦争にも、そうした戦争との非対称性が明らかなテロ対策にも、自然災害など本来の意味における〈国民の危機〉にも同じ目線で一括して捉えようとしていることだ。つまりは、平時と軍事の線引きを意図的に解消し、有事の用語で非軍事的な危機にも軍事的な対処もって臨もうとする硬直した危険な戦時立法なのである。そのような法律は現行の憲法体制のなかで到底許されるはずがない。繰り返すが、現行憲法は軍事的な脅威にも徹底して非軍事的な対処により、その解消に全力をあげ、和解と共生のプログラムを構築するなかで平和共存の途を説いているのである。

第二の問題点は、同法の国家総動員法（一九三八年四月）との同質性である。武力攻撃事態法の主体は政府（＝内閣及び内閣総理大臣）である。国家総動員法の主体もまた政府であった。それゆえに政府の権限拡大を憂えた帝国議会の議員たちから猛烈な反発が起きた。政府委員であった佐藤賢了陸軍大佐が、同法案への徹底した反対意見を述べる議員たちに向かって「黙れ！」と一喝した事件は有名だが、国家総動員体制が政府の完全な統制の下で、一切の抵抗権を剥奪する形で強行された歴史を想起すべきであろう。「武力攻撃事態」への対処行動が国家の「事後承認」の形で済まされようとするのは、軍事的必要性からしてなどというレベルの話ではない。重要な問題は、国会はこの有事法制によって、一段と政府の下位に立たされることになることだ。国家総動員法の制定により、事実上帝国議会が機能不全に陥ったように、いままた国会が戦前と同様に機能不全に陥ろうとしている。そこに立ち現れるのは〈内閣独裁制〉とも指摘可能な、極めて歪な国家体制の出現である。

第三の問題点は、一年以内に成立をめざすとされ、政府内部の構想では二〇〇条前後もの大部の内容となる予定の「国民保護法制」なるものが、その実質は民間防衛という名の平時からする徹底した国民動員法であることだ。これは国家総動員法を親法として、それ以後二〇〇以上の軍事法制が相次ぎ成立し、この国を高度軍事国家に改編していった戦前期日本を髣髴とさせる。過去の苦い体験を、なぜ今繰り返そうとしているのか。なぜ、和解と共生ではなく、対立と排除の論理で貫かれる法律が登場するのか。国民の生命と安全を護るための手段と工夫を、あくまで憲法を基点に創り出していくことが、私たちの責務ではなかったのか。

民主党が提案したとされる基本的人権の保護に関する条文修正についても、従来規定の見直しがなされたのでは決してない。例えば、国民動員規定とも言える第八条では、「武力攻撃事態」への対処、つまり有事対処に「国民の協力」が絶対的に不可欠な基本条件とされており、果たしてそのような状況下で基本的人権が保護されると想定するのは無理である。むしろ、戦時体制の平時化が進められるなかで、基本的人権の侵害行為が常態化・構造化する懸念のほうがはるかに大きい。いまこそ、私たちは毅然とした態度で軍事主義に染まりゆくこの国の歩みを阻むためにも、憲法の原点に立ち戻る必要がある。

（『社会新報』二〇〇三年五月二八日）

Ⅲ 派兵国家と日米軍事同盟のゆくえ

1 アメリカの新軍事戦略と派兵国家日本

強化される日米同盟関係

二〇〇〇年一〇月一一日にアメリカ国防大学・国家戦略研究所の特別報告として公表された「米国と日本――成熟したパートナーシップへの前進」(The United States and Japan:Advancing Toward a Mature Partnership)は、アーミテージ元国防次官補をキャップに、ナイ元国防次官補、キャンベル前国防副次官補、ウルフォウィッツ元国防次官補、リンカーン・ブルッキングッズ研究所研究員などを主要なメンバーとするスタッフが、一九九九年五月から策定作業を進め、公表されたものである。

同報告書の冒頭では、朝鮮半島及び台湾情勢などを理由に、アメリカが一挙に大規模紛争に巻き込まれる可能性を指摘し、日米同盟がアメリカの世界安保戦略の要である点を確認したうえで、日本が集団的自衛権不行使という原則を撤廃することが、日米間の一段と密接で効率のよい安保協力を実現する途だと説いている。そして、アメリカは、日本国民の決定を尊重するが、日本がより大きな貢献を果たし、より平等な同盟国家化を指向することを歓迎するとしているのである。

つまり、アメリカの主張する世界安保戦略を担う主要な同盟国としての日本が早急に解決を必要とする課題として、第一に集団的自衛権行使による実質的な日米統合軍の編成を実現すること、第二に、アメリカ軍の代行を担える日本自衛隊戦力の海外作戦遂行能力の充実がアメリカの強い要求として示されているのである。在日米軍・在韓米軍をはじめ、東アジアに展開する一〇万人に達する現有兵力の段階的削減や、沖縄・佐世保・横須賀・横田・三沢など在日米軍基地機能の漸次縮小の方向を埋め合わせるために、日本自衛隊がポスト・アメリカ軍として十分な役割を担うことを期待しているのである。

すでに、アメリカの新戦略においては、有事における「アメリカが槍、自衛隊が盾」という関係そのものの見直しさえ検討されていると見るほうが合理的である。そこでは日本はアメリカとイギリスの関係をモデルとして関係強化に努め、具体的には新ガイドラインの履行、国連軍平和維持軍参加凍結の解除、在日米軍の駐留問題については地域安保環境に照合しつつ見直し、アメリカ軍の作戦遂行能力を維持したまま、基地存続から生じている日本の負担を軽減する、日本の軍事技術やミサイル防衛での協力、などが強調されていた。

ここには日本の自衛隊が完全にアメリカが構成する軍事力の重要な一翼として位置づけられ、今後においては台湾有事・朝鮮有事を想定しつつ共同軍事演習の蓄積の上に立ち、日本が最終的には中国包囲網の陣形の有力部分を構成する役割を担うことが期待されているのである。そして、その期待に応えるための国内的準備の主要な課題として有事法制の整備や、場合によっては憲法改悪による集団的自衛権の法的保証を獲得するようアメリカの対日圧力が一段と強まることは間違いない。

日米同盟の新展開と「同時多発テロ事件」以後の米戦略

ブッシュ大統領は、二〇〇〇年末に行った国防・外交政策の目標として、①軍の士気建て直しを通じて大統領と軍との信頼関係を強化する、②米軍や同盟国をミサイル攻撃から守るためにミサイル防衛システムを開発する、③軍の機動性を高め、サイバー（電脳）攻撃などの二十一世紀の脅威にも対応できる新戦略を構築する、の三点を挙げている（『朝日新聞』二〇〇〇年一二月三〇日付）。

この新戦略に深く関与している国防長官は、かつてミサイル攻撃の脅威を調査するためにアメリカ議会内に設置された「弾道ミサイル脅威評価委員会」の委員長を務め、朝鮮民主主義人民共和国やイラク、それにイランなどアメリカと〝敵対的〟な国家のミサイル開発への過剰までの脅威を煽り、これに対抗するためにアメリカ本土ミサイル防衛（ＮＭＤ）システムの整備を強調したラムズフェルドである。

先に紹介した「米国と日本――成熟したパートナーシップへの前進」では、近い将来において、アメリカ軍はアジア太平洋地域に分散配置される方針を固めつつあることを明らかにしているが、大規模な紛争以外には日本自衛隊を盾ではなく、槍として東アジア地域で展開させるため集団的自衛権への踏み出しを、今後一段と強く要求してくるとは明らかであり、これとの関係で有事法制整備も拍車がかかることは間違いない。

かつて小渕・森内閣の外相を務めた河野洋平は、在任中からアメリカ政府の要請に「集団的自衛権不行使発言」を繰り返してはいたが、ポスト・アメリカ軍としての役割を新政権下においても期待されてくることは必至であろう。日米統合軍が有事即応体制を実質的に敷くために、何時でも何処でも機動可能な自衛隊の存在が大前提にならなければならず、そのためにも国内法の整備が急ピッチなのである。同時に新政権が〝軍産複合体トリオ〟とも言うべき顔ぶれを揃えた背景には、一〇万人の展開兵力の段階的削減によって浮いた軍事費を軍事情報技術革命（ＲＭＡ）に対応するＮＭＤや戦域ミサイル防衛（ＴＭＤ）の開発配備への投資を優先させることで、巨大な利潤獲得を意図していることも間違いない。

そして、ここに来てテロ事件の発生への対応という新局面が出てきた。アメリカが今回の事件によってこれまでの軍事戦略を根本的に修正するとは思われないが、少なくとも中国有事を焦点に据えた一正面戦略のクリアな突き出しを、当分は自制するはずである。アメリカ本土が空前のテロに見舞われ、それに続く炭疽菌による連続的な被害という現実の前に、既にペンタゴンでは「本土防衛」の名で、アフガン攻撃とその後の中東戦略の見直しとともに、より柔軟かつ重層的な戦略の構築を進めている。

その場合、対中国、対ロシアを目標とした重厚長大型の軍事戦略の発動は、少なくとも中短期的には抑制され、当面は両国との軍事レベルでの協調関係の構築が優先されることになろう。それは、中国のＷＡＴＯ加盟によって最大の恩恵を受けるロシアにとっても、また実質的に国際貿易体制のなかで競争力を強いられる中国にとっても、対米関係の安定化は望むところである。その意味では、米中ロ三国間には、テロ事件を挟んで限定的ながら〝雪解け〟状態が訪れることになる。

そうした状況の変化のなかでも、ペンタゴンサイドでは米軍需産業界と連携して、現在、軍事ハイテクノロジーへの重要度がしきりに主張され、「新たな軍備ゲーム」が開始されようとしている。その流れに沿った形で新政権の国防・外交スタッフが選抜されたのである。そのような意味でのアメリカの新軍事戦略の具体的展開や軍事革命（ＲＭＡ）の動きに、これからの日米同盟の方向性が規定されるであろうことだけは確かである。

実体化する米戦略への日本の追随

日米同盟が正真正銘の軍事同盟であることは、「同時多発テロ事件」によって一層拍車がかかることになった。とりわけ、日本政府・防衛庁、そして、今回のテロ対策関連三法（テロ対策特別措置法、自衛隊法一部「改正」、海上保安庁法一部「改正」）の一方の推進役でもあり、インド洋への自衛官派遣に防衛庁制服組以上に熱心な旗振り役を演じて見せた外務省サイドでは、今回の事件を日米同盟を正真正銘の軍事同盟として機能させることで、今後のアメリカの軍事戦略への全面的関与の実績をつくることに奔走した。

今回マスコミでもさかんに取り沙汰された Show the flag なる用語も、実は外務省サイドから意図的に宣伝されたものであって、決して言われるところのアーミテージの口から発せられたものではない。アーミテージはアメリカにとり都合の良い用語が一人歩きしていることをわざわざ否定する愚を犯さなかっただけであり、そこには日本政府、なかでも外務省サイドの異様とも思われる意気込みが伝わってくる。

このうち、二〇〇一年一〇月二九日に成立したテロ対策特別措置法＝米軍支援法は、周辺事態法の地理的かつ内容的な縛りを一気に解き放った有事法制としてあり、二年間の時限立法とは言え、政府の判断で法的効果なき場合には延長をも可能としている点で、問題の多い法形式を備えた法律である。

また、同法は有事法制のひとつとして、その成立が目論まれていた米軍支援法制定構想の流れに沿ったものでもある。それは、周辺事態法の限界性を突破し、あらゆる地域と事態に随意に自衛隊を派兵・参戦することを可能とする法律として成立した。要するに、テロ事件を奇貨としてアメリカの「報復戦争」に日本自衛隊が積極的に加担する〝自衛隊参戦法〟なのである。その危険性と違憲性を要約すれば次のようなことになるであろう。

第一に、国際法からも見ても根拠なき法律であることだ。同法の目的を「国際連合憲章の目的の達成に寄与する」（第一条）とするが、テロ事件発生翌日（九月一二日）に行われた国連決議はテロ攻撃への非難決議であって、アメリカの「報復攻撃」を支持する内容では全くない。そもそも軍事力による「復仇」（報復）は国際法の容認するところではない。それにもかかわらず、政府は緊急性を理由に充分な議論を尽くさないまま、国連や「人道的措置」の名を持ち出してまで、同法への国民からの同意を得ようとする。国連の正確な対応には目を瞑り、御都合的にその権威を利用するやり方は、今に始まったことではないが、国民を愚弄するのも甚だしい。

第二に、無限定な海外派兵法（＝〝自衛隊参戦法〟）としての性格を全面化していることだ。限定的な派兵法と言える周辺事態法と比べても、その突出ぶりに驚かされる。テロへの「対応措置実施地域」として、第二条（基本原則）第3項に規定された「公海及びその上空」と「外国の領域」が注目点である。「対応措置地域」とは、非戦闘地域とする但し書きを施してはいる。しかし、これは非戦闘地域であれば、自衛隊を世界中のどこにでも派兵可能とする解釈を許すものだ。しかも、「公海」＝海自、「上空」＝空自、「海外の領域」＝陸自と、三自衛隊が挙って派兵＝参戦可能な態勢を整える周到さである。

アメリカは「テロ支援国家」が世界中に存在するとしており、そうなるとテロの予兆ありとの恣意的な判断だけで、自衛隊はアメリカ軍などと共同して警戒対処行動の名で随時派兵状態を可能とする態勢を敷けることになる。今回、同法と一緒に行われた自衛隊法の一部改正により、新たに「警護出動」（第九一条の2）という役割が自衛隊に与えられた。自衛隊は国の内外にわたり、その行動範囲を一気に拡大することになった。

国外にあって、戦闘地域と非戦闘地域の線引きは曖昧であり、また純軍事的に言っても同法が想定する「対応措置」自体が軍事行動に相当することは常識である。その点からしても、すでに「対応措置地域」の性質に拘わらず、第二条が規定するものは、政府・自衛隊側の意図に関係なく軍事行動そのものである。その点において、武力による解決を放棄した憲法第九条第一項に抵触することは明らかである。

この問題と深く関わるが、同法第三条（定義等）に規定された「諸外国の軍隊（実質的にはアメリカ軍を指すが）等に対する物品及び役務の提供その他の措置」を内容とする「協力支援活動」は、憲法で禁止されている集団的自衛権に完全に該当する内容である。現実に戦闘行動に入っているアメリカ軍に対し想定される補給・輸送、修理・整備、医療、通信など物品・役務の提供は、明らかに日米の軍事共同作戦の一環として実施されるものである。

しかも、ここでは自衛隊は武器・弾薬の輸送をも輸送項目に想定している。輸送の中身については、特段武器・弾薬の適用除外規定が設定されていない事実からすれば、軍事に不可欠な全ての物品が輸送の対象としてカウントされているのである。もちろん物品の輸送など措置はアメリカ軍だけでなく、アメリカ以外の軍隊をも対象とすることを否定しておらず、これは正真正銘の集団的自衛権の発動を前提とした法律、文字通りの有事法制としてある。

同法の危険性と違法性は、それだけに留まらない。他にも第四条（基本計画）は、同法の発動内容につての基本計画を閣議で決定し、国会への報告だけでその承認を求めることなく実施される仕組みとなっている。自衛隊のアメリカ軍支援や事実上の参戦が、国会の承認、つまりは国民の耳目を塞いだままで強行される仕組みが出来上がったのである。これでは、自衛隊が内閣の判断だけで勝手に動く可能性を認めたわけで、文民統制（シビリアン・コントロール）の原則も空洞化の危険性が一挙に高まったと言わざるを得ない。また、国会や国民への不透明性を公然化する同法は、日本の外交・防衛政策に歯止めがかからなくなる恐れが現実問題となっていることを意味している。ここには、有事法制それ自体が持つ危険な特徴が顕著に見て取れるのである。

さらに、同法成立を受ける形で、二〇〇一年一一月九日には海上自衛隊の第二護衛艦隊旗艦である護衛艦「くらま」が同「きりさめ」と補給艦「はまな」を随伴させて佐世保港から出港した。さらに、同月二五日には護衛艦「さわぎり」、補給艦「とわだ」、掃海母艦「うらが」が、佐世保・呉・横須賀のそれぞれ港から出航する事態となった。

このうち、「さわぎり」、「くらま」、「うらが」の三隻は、アフガン空爆を行ったアメリカの空母機動部隊に合流するための、インド洋に向けた、事実上の〝出撃〟であった。海上自衛隊の艦艇が空爆機の発進する〝海上発進基地〟周辺に展開し、軍事作戦に参加するのは、言うまでもなく戦後最初のことである。しかも、これを一一月二六日、国会は型通りに事後承認したのである。一二月七日に「改正」されたPKO法をも含め、この国と政府は、実にあっけなく「参戦国家」「派兵国家」へと大きく舵を切ったのである。テロ対策特別措置法が、正真正銘の米軍支援法であることを何のためらいもなく誇示してみせたに等しい日本政府・防衛庁、そして、同法成立に強い主導権を発揮した外務省の態度は、今度繰り返し糾弾の対象としていかなければならない。

さらに、年末の一二月二二日、鹿児島県奄美大島沖で発見された不審船に対する海上保安庁の巡視船「いなさ」による威嚇射撃と、それに続く船体射撃によって不審船を沈没に追いやる事件が発生した。テロ対策関連三法のひとつとして、テロ対策特別措置法海上保安庁法「改正」により、第二〇条に新たに第二項が加えられ、不審船対策が強化された。それは、日本の領海内における射撃に関して刑事責任が問われない規定であったが、今回の事件は海上保安庁も日本政府も認めているように公海上で強行された射撃と撃沈事件である。公海上で射撃が許容されるのは、明らかな正当防衛か緊急避難的措置として認められる場合においてだけであり、危害射撃は刑事事件に該当する可能性が高い。不審船がロケット砲を発射したのは、「いなさ」による船体射撃後であって、正当防衛論で正当化しようとするのは無理がある。

今回の事件によって明らかなことは、事態はすでに改正された第二項の規定を踏み越えてしまったことである。つまり、同項を領海だけでなく公海においても結果的には既成事実化する方向に突き進んでしまったと言える。今回の不審船事件は、〝第二海上自衛隊化〟への変貌を遂げようとしている海上保安庁独自の問題というレベルを超えて、日本の武装組織が公海上においても、いつでも実戦態勢に入る決意を披瀝したものに他ならない。そのことは、同時にテロ事件によって拍車がかかった有事法制の方向性をも具体的に示唆している。

それは、次の通常国会では間違いなく、国家緊急事態法や国民非常事態法といったネーミングを冠した新たな有事法制が俎上に上がることになろうが、それは平時と戦時の境界を解消する試みとしてある。「参戦国家」「派兵国家」日本に適合する有事法制の成立を阻止するためにも、小論で整理してきた米戦略の意図と目標について批判の論陣を逞しくしていかなくてはならない。

（『ピープルズ・プラン』第一七号・二〇〇二年冬）

2　アメリカのイラク侵略と中東戦略

アメリカの一極支配めざす「ブッシュ・ドクトリン」

アメリカ・イギリス合同軍によるイラク侵攻は、開戦後約三週間を経て事実上のイラク占領によって「終結」した。これを機会にアメリカのイラク侵攻の意図が一体どこにあったのかを、アメリカの〈軍事戦略の転換を示した戦争〉という視点から検証しておく。

本稿では、まずアメリカ・ブッシュ政権の軍事戦略である「国家安全保障戦略」（通称「ブッシュ・ドクトリン」）の要約から始めたい。既に筆者も多くの機会にも触れ、また他の論者の指摘しているように、「ブッシュ・ドクトリン」（以下、「ドクトリン」と略す）は、アメリカの軍事戦略だけでなく、国際秩序の基本原則にもに大きな転換を迫る内容であった。

第一に、戦後アメリカは世界中に張り巡らした基地ネットワークを根幹に膨大な軍事力を展開し、核兵器を基盤とする核抑止戦略を基本原則としてきたが、「ドクトリン」は、従来の抑止戦略を放棄して、明らかに先制攻撃論を採用するところとなった。アメリカの国益に反する国家、組織、人物を先んじて攻撃し粉砕することを軍事戦略の基本原理に据えたのである。

国連憲章を持ち出すまでもなく、直接的な侵略を受けていない段階での自衛権の発動が固く禁止されていることは国際常識である。アメリカは二つの世界大戦を経て獲得された平和獲得のための知恵とも言うべき国際的な合意事項を正面から否定したのである。アメリカの先制攻撃論の採用理由は、冷戦体制下にあって核のせめぎ合いを演じてきたソ連という超核兵器大国が消滅したことにより核戦争の可能性が相対的に低下したこと、軍事革命（ＲＭＡ）により圧倒的な打撃力（火力）や機動力を保有することになったこと、などがあげられる。

しかし、そのような軍事的なレベルだけでなく、常に軍事行動への敷居を低くすることによって、軍事力による恫喝や脅迫を政治力の有効な道具として使用し、対アフガン侵攻や今回のイラク侵攻で見せたように躊躇することなく軍事力の投入を果たし、国際世論を無視してアメリカの好む国際秩序の形成を図ろうとすることにある。

第二には、軍事行動の正当性を主張する根拠として、「大量破壊兵器」（ＷＭＤ）の「保有国」を殲滅すべき相手として恣意的に認定しようとしたことである。この場合、ＷＭＤとは核兵器・化学兵器・細菌兵器（ＡＢＣ兵器）の総称である。しかし、言うまでもなく現在、質量共に圧倒的なＷＭＤの保有国は、他でもなくアメリカ自身である。そのアメリカが他国のＷＭＤ保有に執拗に拘るのは、自らのＷＭＤの独占状態を堅持することで圧倒的な軍事力を恒久的に保持する体制を構築したいからである。ＷＭＤが不当に使用されることの危険性を繰り返し強調することで、有効な政治的メッセージとして転用されているのである。

アメリカはＷＭＤの開発・生産・保有あるいは同盟国への輸出を独占的かつ自在に展開できる体制を堅持することで、アメリカ国内の軍産複合体を潤すためにも他国のＷＭＤ保有の廃棄を迫り、それを口実として軍事行動への選択をも自在に手にする意図が「ドクトリン」の基本的な指針となっている。その事実を今回のイラク侵攻によって具体的に実行して見せたのである。

新保守主義者の危険な世界認識と覇権主義

「ドクトリン」が明らかにした軍事戦略の転換は同時に世界史をいう視点からすると、より大きな転換を示す画期となり得る可能性を秘めたものとしてある。すなわち、「ドクトリン」は戦争と革命の世紀であった二〇世紀の歴史体験を教訓として生み出された国家主権・民族自決・内政不干渉の尊重を中心とする近代国際法あるいは国際秩序を真正面から否定する意図を露骨に孕んだものとしてある。

これをより長期的なスパンで言うならば、主権国家の存在を確認するなど、近代的な西欧国家体系成立の主要な画期とされるウエストファリア条約（一六四八年）によって形成された国際秩序をも否定しかねない内実を孕んでいる、と言っても決して過言ではないであろう。この点は既に少なからず論争となり始めてもいる。

もちろん、ここに掲げた近代国際法や国際秩序のありようが完全である訳がなく、イギリスやフランス、そして、アメリカなど一部の大国の恣意的な選択設定のなかで国家も民族も、そして市民も翻弄され続けたきたことは確かであった。この枠組みのなかで帝国主義や覇権主義が横行し、数多の戦争や反革命、そして権威主義体制が生まれた。従って、そこでは多くの克服すべき課題を背負っていることも事実である。

しかし、例え現時点で不完全性が顕著であるとしても、所与の前提としての国家主権や民族自決・内政不干渉が、軍事力という暴力によって否定されることを了解することは到底できない。それでは再び二〇世紀的な、さらには一九世紀的な世界史を歩むことを強制されるに等しいことになる。「ドクトリン」を貫く戦略目標は、「新しいアメリカの世紀」(New American Century)の構築である。

つまり、一九世紀がイギリスやフランスなど、奇しくも今回のイラク侵攻作戦の主導者であるラムズウエルド米国防長官が言い放った「古いヨーロッパ」の世紀であり、二〇世紀は、その「古いヨーロッパ」にソ連とアメリカ、それにドイツや日本など新興国家群が台頭し、二つの大戦を経由して米ソが世界のヘゲモニーを掌握し、大戦以降米ソ冷戦体制のなかでアメリカが生き残り、「勝利」したとするのが、「ドクトリン」の策定者であるチェイニー副大統領やラムズウエルド国防長官に代表される新保守主義者(ネオ・コン)らの世界認識である。とりわけ、レーガン政権以来の「強いアメリカ」の信奉者で、ネオ・コンの代表格であるウォルフォウィッツ国防副長官は、ブッシュ政権ばかりか、現在のアメリカの方向性を一身に体現する人物として注目される。

ネオ・コンたちは自らの構想するアメリカ主導の世界秩序の実現に向け、軍事的には既述の通り先制攻撃論によって、また政治的には新孤立主義の採用しようとしている。先制攻撃論は今回のイラク侵攻によって典型的に示されたが、それは単に軍事的レベルでの戦術の域を脱して平時における政治外交政策と軍事政策(軍事行動)の線引きを解消し、外交と軍事の一元化・一体化が常態化することを意味する。つまり、常に軍事行動を用意することは、間違いなく、常に軍事力が恫喝や抑圧の手段として投入されることである。

そのことは軍事力の使用（戦争発動）に幾重にも足枷をかけることによって、最終的には自衛権の発動としてのみ軍事力の使用が擁護されるという国際法秩序の解体を結果する。要するに、アメリカは政治力や経済力だけでなく、むしろそれ以上に軍事力によって支えられた新たな世界秩序を「自由世界」や「民主主義」の実現という表看板によって構築しようとする。そこではアメリカの言う「自由世界」や「民主主義」の絶対性と普遍性を強調し、これに強制的同意を求めるのである。

もう一つ指摘可能なのは、この新たな世界秩序の構築に向けて、アメリカが従来のような軍事同盟政策を根本的に修正する意図を抱いていることである。端的に言えば、新孤立主義とも表現できる内容の一国単独行動主義である。かつてアメリカは南北アメリカ大陸に閉じこもり、ヨーロッパ諸列強の干渉を排除するために孤立政策（モンロー主義）を採用したことがあり、現在でもアメリカ共和党内のブキャナンのようにモンロー主義の後継者が存在するが、そのような意味での孤立主義ではなく、国連という国際秩序の統轄機関や同盟関係などの干渉や制約条件から一切解放されようとする主義としてである。

そこでは、ヨーロッパ諸国のみならず日本や韓国などアジアの同盟国との間に存在する既存の同盟条約をも相対化・自在化しようとする。これは明らかに共和党内に有力であった国際協調派を圧倒する勢いにある。もちろん、そのことはただちに日米安保条約や米韓安保条約などの解消に繋がるものではないが、純軍事的なレベルで言えば軍事技術革命により、一段とハイテク化され、高速機動化された軍事力の展開には、必ずしも同盟諸国の存在が絶対的な要件ではなくなりつつあるということである。

しかし、それ以上にアメリカをして新孤立主義に向かわせているものは、戦後国際政治経済秩序を形成してきた中核的存在としての国連、なかでもアメリカ以外の常任理事国であるイギリス、フランス、ロシア、中国との関係性自体にある。つまり、アメリカが目標とする世界秩序の実現のためには、国連の存在がある種の抑制要因となり得ると踏んでいるのである。

将来的には実態としてのEUブロックと、可能性としての中露ブロックの形成と展開という状況のなかで、アメリカが自らの覇権主義を貫徹しようとすれば、これらブロックとの協調路線よりも、文字通りこれらブロックの干渉を廃して独自のブロックを固め、それを世界化（グローバル化）することが有利とする認識でいることである。

これだけを指摘するとブロック間の競合の時代と括れそうだが、少なくともEUブロックも中露ブロックも政治経済連合体としての性格であるが、アメリカの構想するブロックは単独の軍事ブロックの世界化という点で決定的な違いがある。その点は注意深く見ておかなければならない。

アメリカの中東戦略の新展開

今回のイラク侵攻と占領の狙いが世界第二位の石油埋蔵量を持つイラクに親米政権を樹立し、これまでフランス、ロシア、中国などが獲得している石油採掘権を一旦白紙に戻すことにあるとする見方は間違っていない。アメリカは脱原発の方向に踏み出しており国内基幹産業のエネルギー資源としての石油の需要は、天然ガスと共に今世紀一層膨らむことが必至である。同時にアメリカとしては、イラクの石油を押さえることで石油の国際価格の実施的なコントローラー（価格決定者）の位置に座りたいとの思いに駆られている。世界一の石油消費国であるアメリカが外的な要因によって石油価格の変動に翻弄されること自体が国力（アメリカ資本主義）の衰退に直結する課題であることを強く認識しているのである。

実は今回、アメリカはイラク占領に「成功」したが、もう一つの狙いはイラクの隣国であり、世界一の石油埋蔵量を誇るサウジアラビアへの肩入れの意図が隠されている。この点は殆ど議論も分析もなされていない点だが、イラク戦争は同時にサウジの「間接占領」を狙ったものである。

確かに、サウジ王政は親米政権だが、サウジは王政という専制を敷く独裁国家である。つまり、王室との関わりを持たない圧倒的多数のサウジの民衆は決して親米的ではない。彼らのアイデンティティはサウジ王室にあるのではなく、言うまでもなくイスラム教にある。そのようなサウジの政体への梃子入れは、アメリカにとって緊急を要する課題である。そこにアメリカの言う「民主的な政権」を形成し、サウジ民衆に潜在している反米感情を早期に除去しておかないと、将来的には第一の石油産出国・埋蔵国を喪失する可能性は大と踏んでいるのである。

敢えて言えば、今回のイラク戦争の最大の目的はサウジを喪失するような事態に万が一陥った場合にでも、イラクの石油を確保しておけば安全とする見積もりがある。アメリカとして、サウジとイラクを同時的に「民主政体」に転換することで反米政権成立のリスクを完全に断つことが、まさに中東戦略の要諦なのである。その点からして、アメリカにとって、イラクの軍事占領による「解放」や「自由」の実現は、同時に中東石油産出地域の「統制」と「管理」を意味する。

このようなアメリカの極めて恣意的なスタンスからする帝国主義国家としての横暴ぶりは、イラク占領体制の構築過程にも遺憾なく発揮されそうだ。すでにアメリカはイラクの復興計画のなかでネオ・コンの牙城である米国防総省管轄下に人道復興支援局を設置し、元米陸軍中将で親イスラエル派の人物として知られるガーナー氏をトップに据える構えでいる。

ガーナー氏を通して、アメリカのユダヤ人が圧倒的に支配する石油メジャーにイラクの石油利権を確保するルートを提供し、同時的にイラクを筆頭とする反イスラエル連合を崩壊させることでイスラエルの中東における「安全」確保と影響力を絶対化すること、さらに復興に投下される莫大な資金を占有することが重要な任務とされる。

その意味はイラクの「イスラエル化」である。つまり、ここにもう一つの「アメリカ」を建設し、イラクを起点に中東全域を射程に収めたアメリカのブロックを形成しようとしているのである。このような方針に基づくイラクの「イスラエル化」は、逆にイラクの「パレスチナ化」を結果する可能性が高いと思われる。

このようなアメリカの行動に対する各国の対応ぶりも重要な問題点を含む。イギリスは英米合同軍の一翼を担うことで、アメリカを取り込む「国際共同体」構想を追究し、実現することによってアメリカの単独行動主義に一定の歯止めをかけようとする一方、アメリカ同様にイラクを中心とする中東の石油利権の拡大を求めている。このイギリスのアンビバレントなスタンスには、当然ながら賛否両論が出ている。

このような状況下にあって、当事者であるアメリカ自身が相対化を進める同盟政策に全面的に依拠し、相変わらず運命共同体的なレベルでしか動こうとしない日本政府の盲従ぶりが、ここに来て一段と顕著である。アメリカは新孤立主義のなかで既存の同盟政策を事実上破棄し、「同盟なき帝国主義国家」への道を歩み出した。そこでは当然ながら対等な同盟関係は成立しない。それでもイラク戦争後において日本がアメリカ主導の世界秩序に無条件で参画しようとすれば、一方的な命令に従う屈従外交を余儀なくされることもまた明らかであろう。

（『反戦情報』第二三四号・二〇〇三年四月二〇日）

先制攻撃論を説く石破防衛庁長官の危険な言動

二〇〇三年二月一四日のＢＢＣニュースは「日本、北朝鮮を軍事力で脅かす」なるタイトルで、「ピョンヤンにミサイル攻撃の明らかな証拠があった場合、日本は北朝鮮に先制攻撃を行うとの警告を発した」とする記事を掲載した。

国内メディアによって北朝鮮のミサイル脅威論が振り撒かれ、被害妄想に取り憑かれた感のある大方の日本人からすると、脅威に晒されているのは日本でなく北朝鮮だ、とする報道とはすぐには合点がいかないかも知れない。

このＢＢＣニュースの記事は、先月の一月二四日に行われた衆院予算委員会で民主党の末松義規議員と石破防衛庁長官とのやりとりに触れたものだ。末松議員が北朝鮮のミサイル攻撃があった場合の政府の対処方針を質したのに対し、石破防衛庁長官は、「自衛権の行使としての武力の行使はどの時点でできるのか」という課題を前面に押し出し、攻撃を受けてからではなく、それ以前に先制攻撃を可能とするためには、「どの時点でもって着手と言えるのか」を決めておく必要があると答弁した。要するに、「着手」が明らかになった時点で先制攻撃は許される、との見解の認知を求めたのである。

これは、攻撃を受けて初めて自衛権の発動が可能となる、としてきた従来の自衛権行使論を大きく踏み出す発言だ。ＢＢＣニュースをはじめ、各国のメディアはこれを日本の先制攻撃論と受け止めた。

現在、国会で審議中の武力攻撃事態法案は、攻撃の「恐れ」や「兆し」があると判断される時点で防衛出動ないしは防衛待機命令の下令が可能とする法案であり、それ自体が先制攻撃を前提とする軍事法だ。今回の石破答弁もそのような法案の狙いを国会の場であらためて強調してみせたと言える。

ここでの問題は、攻撃を受ける前に相手方を攻撃することで被害を回避するという軍事的合理性に訴え、有事法案成立に弾みをつけようとする魂胆が見え隠れしていること、そして、何よりもそのような軍事的合理性を前提にした議論を先行させ、本来議論すべき諸問題を封印してしまう意図があることである。

このように極めて恣意的な自衛権行使論が出てきたことは、武力行使を前提とする「集団的自衛権」の認知が着々と進められている事態とまさに符号する。さらに言えば、現在防衛庁がまとめている弾道ミサイルを迎撃するミサイル防衛（ＭＤ）が、「開発と配備」を視野に入れた具体的な検討段階に入ったことにも関連がある。ＭＤが国民の同意を得るには、石破答弁に示されたような先制攻撃論が不可欠なのだ。

また、先制攻撃論の登場が有事法制定への動きと連動していることは歴然としている。自衛権行使を口実に一人歩きし始めた先制攻撃論の向こうにあるものが戦争国家への道であることを繰り返し強調しておきたい。

（『週刊金曜日』二〇〇三年二月二八日号）

3　有事法制と日米軍事同盟

あらため有事法制の意味を問う

二〇〇三年六月に成立した有有事法制関連法のうち、有事対応の基本的な枠組みを定めた包括法である「武力攻撃事態における我が国の平和と独立並びに国及び国民の安全の確保に関する法律」（以下、武力攻撃事態法）は、何と言っても、海外派兵であり、対米軍事支援法としての性格を秘めたものであることを繰り返し確認しておかねばならない。

その名前とは全く逆に、日本の平和を脅かし、自主独立を損なうものでしかない。それは、日本国民だけでなく、これまで友好関係を築いてきた諸国、あるいはこれから新しい平和な関係を不可避としているような国家や地域との間に、戦争の危険を持ち込む軍事法制であり、日本をして再び侵略国家へと追いやる法律と言える。

この他に、首相の権限（内閣行政権）を飛躍的に強化し、新たな戦争に対応する戦争指導の拠点としての、現代版大本営的な機能を果たす安全保障会議の拡充を求めた安全保障会議設置法の「改正」、自衛隊の国内における軍事行動を自在化するため、自衛隊法第一〇三条の「改正」を骨子とする自衛隊法「改正」が三点セットとして法制化されたが、これら三点セットは明らかに戦争国家日本への大きな舵取りとしてあることは間違いない。

そこでの問題は、このような軍事法制が、戦後五七年目になって、なぜいま成立したのかの理由ともあわせて、どう読み解けば良いのか、である。

有事法制研究は日本の再軍備とほぼ同時に始まったが、確かにこれまで一度も国会の場に持ち出されなかったものが、なぜいまになってという反応は当然であろう。そのような判断は、おそらく米ソ冷戦構造が終わり、日本やアメリカにとっての仮想敵国が消滅したか、またその軍事能力からして日本への侵攻は非現実的である、といった認識が拡がったからである。事実、防衛庁関係者を含め、日本が武力攻撃に遭遇する可能性はゼロだと考えているはずだ。

それにも拘わらず成立を見た理由は、第一に防衛庁が長年進めてきた有事法制研究で、三分類から成る「自衛隊の行動に関わる法制」のうち、防衛庁所管の法令（第一分類）と防衛庁外の省庁所管の法令（第二分類）を、同時多発テロ事件や不審船事件を格好の追い風としつつ、一気に法制化する機会がこの間模索されてきたことである。残りの第三分類は人権や思想の問題に直接関わる事項を対象とする法令となるだけに、政府・防衛庁サイドでは、これは時期尚早と判断しているようだが、とにかく一気呵成に宿願であった部分の成立を目論んでいたのである。

軍事法制の整備求める財界の動き

ただ、これは防衛庁サイドからみた理由であって、実はそれ以上にもっと大きな理由があるように思われる。それは、アメリカと日本の財界からの強い要請が、冷戦が終わってから今までの間に露骨に示されていることだ。それが第二の理由である。つまり、冷戦構造が終わってから、アメリカは、それまでソ連の影響力下にあった地域や国家を新たな資本主義の市場に組み入れようとする「関与と拡大の戦略」を立て、世界のあらゆる場所に、圧倒的な軍事力を使って市場確保する政策を従来以上に加速させるようになった。

それで冷戦体制の終焉は、確かに米ソ二大軍事国家間の戦争やその代理戦争の可能性は消滅したが、今度はアメリカがさらなる経済支配圏の拡大のために軍事力を自在に使用することになったのである。もちろん、米ソ冷戦体制の時代にもアメリカは軍事力を背景に経済支配権の拡大を一貫して志向してきたが、ソ連の存在ゆえに一定のブレーキをかけざる得なかった。ところが、今日そのブレーキを使う必要を感じなくなっている。言うならば、好きなだけアクセルを踏み続けても、出過ぎたスピードを取り締まる国家も不在である状況を好機とみなしているのである。

言い換えれば、経済権力と軍事権力が完全に一体化した形でアメリカは、国益の保護と拡大を誰はばかることなく推し進めようとしているのだ。但し、そのアメリカにしてもソ連崩壊によって一挙に拡がった市場や地域を射程に据え、これらの地域に「関与と拡大の戦略」を適用とすれば、単独では不可能な状態も強く感じるようになった。

実は、そのためにアメリカは日本との軍事同盟関係を見直し、日米安保の再定義によって、その適用範囲をアジア全体に、さらには世界全体にまで拡げようとしてきた。いま盛んに用いられるグローバル化という用語で言えば、アメリカのグローバル資本主義が軍事のグローバル化に連動し、その流れのなかに日本も押し込められようとしている。その具体的な現れが、有事関連三法の国会上程の直接理由とされる「アーミテージ報告」（二〇〇〇年一〇月）であり、そこでは日本政府が日米新ガイドラインに従って早急に有事法制を創ることを要求していたのである。

そして、第二の理由として挙げたいのは、日本の企業のスタンスの変化ということだ。すなわち、現在日本の企業も急速に海外での企業展開を推し進めており、これまで比較的腰の重かったメーカーなども含め、冷戦時代の崩壊を待っていたかのように、海外進出が急速に目立つようになってきた。

そのようなときに財界からは、例えば、前経済同友会の代表幹事であった牛尾治郎氏が、「国際秩序ということになると、米国の場合、海外進出企業が地域紛争に巻き込まれても、空母を派遣すれば安泰かもしれない。しかし、日本の場合、現状のままだと、個別企業が天に祈るしかない」（安保研究会編『日本は安全か』より）と語っているように、日本の企業も軍事力が企業利益の保護ないし拡大のサポーターになって欲しい、という本音を隠さなくなっているのだ。

日本の企業家たちにしても、戦後経済をリードしてきたアメリカが軍事力をフルに稼働させて海外企業の後押しをしてきた実績を熟知しており、一挙に広がった世界市場に遅れを取らず参入していくために、従来のアメリカを手本として、日本軍事力の「有効利用」を思い立ったのである。しかしながら、現在の日米関係からしても日本単独の軍事行動は許されない状況にあり、アメリカの「関与と拡大の戦略」の流れに身を置きながら、アメリカのグローバル化を是認し、その枠組みのなかで日本の一定の軍事力使用の実績を積み上げようとしているのである。

このように有事法制が成立した背景には、実は日米の企業の思惑がある。その点をしっかり確認しておかないと、備えあれば式の空虚なスローガンに思わず合点してしまうことになる。

また、そのことを押さえたうえで、結局のところ資本主義市場を軍事力や暴力によって奪い取るという手法そのものは、戦前の資本主義とも変わっていないのだということが透けて見えてこよう。

有事関連三法をあらためて検証する

それでは有事関連案のうち、武力攻撃事態法の内容の中で、最も注意深く読み解かなければならないことは、包括法である同法の中核をなす基本理念が、「武力攻撃事態」への対処にあるが、そもそも「武力攻撃事態」の本音は、「武力攻撃のおそれのある場合を含む」とする、もう一つの「武力攻撃事態」の解釈にあろう。

その証拠として、二〇〇二年一月二二日付けで内閣官房が自民党に提出した文書「有事法制の整備について」には、「武力攻撃に対する対応を的確なものとするためには、武力攻撃に至らない段階から適切な処置をとることが必要」と提言しており、武力攻撃事態には防衛出動で対応し、それ以前の段階では防衛出動待機命令を発令することが含意されている。つまり、昨今の国際政治状況を奇貨として、自衛隊の行動基準を広義に解釈づけする絶好の機会と捉えているのである。

それで、この文書と包括法を重ねて読み込んだ場合、まず指摘できることは、今回の有事法制が日本に対する直接的な武力攻撃の非現実性を踏まえ、「武力攻撃に至らない段階から適切な措置をとる」点に重点が置かれていることだ。それは既に新ガイドラインによって想定された「(日本の)周辺事態」への対処を目的に周辺事態法の認識を受け継いだものに他ならない。その点で包括法に明記された「武力攻撃事態以外の緊急事態への対処のための施策」の項目は注目しておかなければならない。

そこでは、日本への「武力攻撃」への対処ではなく、アメリカ軍に呼応して海外における武力発動への認知を、「国及び国民の安全に重大な影響を及ぼす緊急事態への対処」と規定することで獲得しておこうとする意図が見え隠れしている。要は、自衛隊の海外派兵法として有事法制関連法が提出されてきたということだ。

そのような意図を秘めた戦後有事法制の原点をたどっていくと、戦前の軍事法制との関連に目を向けざるを得ない。つまり、一連の軍事法制も全部とは言わないまでも、根幹的な部分において戦前のそれを踏襲したものでないか、ということだ。

まず、基本的な点で言えば、有事法制が例えば〝対米支援法〟であり、〝自衛隊海外派兵法〟という、今日の日米安保体制から産み落とされた冷戦時代の遺物だとしても、それは間違いなく日本の戦争国家化・派兵国家化を目的としている点において、戦前期日本をして戦争国家へと追い込んでいった国家総動員法をはじめ、多くの軍事法制と本質的には同じであろう。つまり、法律の文言や構成、その狙いの違いは多く指摘できるが、そのことによって違いをことさら指摘することは必ずしも生産的ではない。それ以上に、戦前戦後を貫く共通性についての認識を深めることは、この種の法律案の歴史を通しての意味を考える場合に極めて重要だと思われる。

二〇〇二年三月に出版した『有事法制とは何か――その史的検証と現段階』(インパクト出版会)のなかで、現代の有事法制を過去の有事法制の視点から捉えようとすると、逆に視野に入ってこない問題が多々存在するのではないか、といった批評を読者から頂戴した。この捉え方は、要するに連続性とか同質性に否定的な見解から生まれたものだが、私としては決して過去の視点を現代に強引に持ち込もうとしているのではない。

ただ、過去の時代の戦争でも現代の戦争でも、人や物の物理的な動員から思想的な動員まで、あらゆる動員状況をシステム化し、権力の一元化や市民的自由の制限など、いくつかの点で共通項を指摘せざるを得ないのである。どれだけ、軍事技術が発展しようが、戦争政策を実行しようとする場合には、そうした動員システムが絶対不可欠な要素となるはずだ。

その意味では、戦争形態や戦争動員の手法は確かに大きく異なったとしても、それが戦争という国家暴力の行使という一点で、時代を超えて全く同質であることをしっかり見据えておく必要があろう。そのような指摘を踏まえて言えば、例え洗練された内容や形式を伴っているとしても、再び戦争国家への道を確実に歩もうとしているのであり、その点においても戦前・戦中・戦後の有事国家・軍事国家としての一貫性を強調することは、極めて妥当なことだと考えるのである。

それで私たちは全く新たな装いを凝らした、「新たな戦前」の到来が眼前に展開されようとしている現実を理解していくためにも、過去の戦争国家がどのような経緯で創られていったのか、という軍国主義の歴史を繰り返し紐解きながら、教訓としていく必要があるのではないか。

派兵国家のなかの国民の位置

政府が、有事法制の必要性を述べる時、決まって持ち出す論理として、有事の際、国民の財産や権利を守るために必要という言い方を繰り返す（この場合の「国民」には、在日外国人など想定されていないことにも留保すべきであり、有事体制のなかで在日外国人が基本的には排除される可能性も同時に極めて大きな問題となるが、ここではこの問題に直接触れない）。また、国民保護法制を整備も時間の問題とされる現在、一連の有事法制が市民的自由を剥奪していこうとする狙いを予め読み解いておく必要がある。

戦前期の有事法制は国民の生命や財産、それに諸権利を徹底して抑圧し、弾圧をしてきた。つまり、世界史のなかでも例を見ないような〝天皇制軍国主義体制〟を築き上げ、戦前国家は国民の耳目を完全に塞いでしまおうとした。それが戦前日本国家の基本的な対国民政策でもあった。しかしながら、今日構築されようとする戦争国家・派兵国家では、さすがに戦前のように国民の耳目を完全に塞いでしまうことは思想的にも技術的にも不可能である。そうなると、勢い国民の積極的であれ消極的であれ、国民の戦争への支持・同意を得なければ、実は戦争はできない時代になっている。

つまり、民主主義の時代の戦争と、必ずしも民主主義が発展していない時代の戦争とでは国民の戦争支持の取り付け方が自ずと異なってくる。現在、アメリカは戦争政策への国民の同意調達の方法をみていると、徹底してマスコミを動員利用し、戦争相手を脅威の対象として描いて見せ、国民のなかに恐怖心を植え込みながら戦争支持を取り付けている。そこにあるのは冷静で客観的な判断とか認識ではなく、昂揚と主観的な一方的な思いこみがかき立てられる状況である。それが、民主主義の擁護なる文脈で語られるのである。

いまや民主主義が戦争への支持取り付けのために、極めてご都合的な解釈付けが横行している。アメリカでは、そのような民主主義と軍事主義が表裏一体のものとして国民意識のなかに深く浸透していると言えよう。そうした大量の個人の戦争への動員を前提とする民主主義の発展という事実を、ルイス・スミスというアメリカの政治学者が『軍事力と民主主義』（一九五四年刊）で早くから指摘していた。

そこでは「軍事民主主義」なる用語で、民主主義が戦争への動員の手段として使われてしまう危険性に注意を喚起しているのである。今日の日本でも同じような民主主義の危機の時代でもある。有事法制を推進しようとする誰もが民主主義を否定しようとしていない。むしろ民主主義の擁護のための有事法制というデマゴギーを頻繁に使う。「備えあれば憂いなし」などという小泉首相の空虚な語りのなかにも、それを指摘せざる得ない。いまこそ、市民的自由を考える場合、そのような点にも注意していく必要があろう。

以上の点について、武力攻撃事態法の条文に沿って触れてみよう。例えば、第三条の四項には、「武力攻撃事態の対処においては、日本国憲法の保障する国民の自由と権利が尊重されなければならず、これに制限が加えられる場合は、その制限は武力攻撃事態に対処するため必要最小限のものであり、かつ、公正かつ適正な手続きの下に行わなければならない」とある。ここだけを一読しただけでは、「国民の自由と権利が尊重」されるとあるのだから問題ないのではないか、と捉えてしまうかも知れないが、この文面は有事においては「公正かつ適正な手続き」さえ踏めば、「国民の自由と権利」が侵害されたとしても仕方なしとする判断が国家・政府により、一方的かつ恣意的に強行される仕掛けになっている。

事実、そのことを具体的に記した条項がある。それは、先ほども引用した第二一条の「ハ保健衛生の確保及び社会秩序の維持に関する措置」の規定だ。自衛隊の軍事行動や、この国が戦争に訴える政策に踏み出そうとすることに明確な反対意思を表明しようとする運動や意見に対して、これを「社会秩序の維持」を口実として自衛隊が憲兵や警務隊を出動させて鎮圧する事態を予測している。

さらに言えば、第二条の六項「対処措置」における「ロ　武力攻撃から国民の生命、身体及び財産を保護するため、または武力攻撃が国民生活及び国民経済に影響を及ぼす場合において」実施する措置として掲げられている「(1)警報の発令、避難の指示、被災者の救護、施設及び設備の応急の復旧その他の措置」の箇所も極めて大きな問題がある。

一読すれば解るように、これは従来防衛庁が進めてきた有事法制研究の分類で言う第三分類(所管省庁が明確でない事項に関する法令)に相当するもので、市民生活に直接に関わる事項だけに法制化が先送りされてきたものだ。同法で明確に規定されたことで、ここで網羅された事項が今後、個別法の形式により次々と法制化されていく決意を政府・防衛庁が示したものと受け止めるべきだ。それは文字通り、戦時体制を市民生活のなかに持ち込もうとするものと言えよう。

引用が前後するが、以上の点を踏まえて、改めて今度は第八条(「国民の協力」)を読んでみると、そこには、「国民は国及び国民安全確保すること重要性にかんがみ、指定行政機関、地方公共団体または指定公共団体または指定公共機関が対処措置を実施する際は、必要な協力をするよう努めるものとする」と明記されている。つまり、この条文を読む限りでは、「国民の協力」は努力義務であって、納税などのような国民として必ず履行しなければならない必要義務ではないように読み取れる。

しかしながら、同法の第一章「総則」の第一条（目的）には「国民の協力」は「基本となる事項」と規定されて武力攻撃事態、有事の場合にはその協力が「基本」であるとしている。要するに、協力が有事対処の基本と位置づけられており、国民の自発的な協力や拒否を念頭に据えた協力を期待しているのでは決してない。

事実、第三条（武力攻撃事態へ対処に関する基本理念）には、「国民の協力得つつ、相互に連携協力し、万全の措置が講じられなければならない」と明記されており、これらのことを一括して読んでいくと、「武力攻撃事態」への対処、つまり有事対処に「国民の協力」が絶対的に不可欠な基本条件と見なされている。従って、条文の表向きの一見柔らかい表現とは裏腹に、実際には国民の戦争協力を強制しているのだ。

同法では、それだけでなく「国民の協力」、すなわち国民の有事動員を確実にするために、第三章（武力攻撃事態への対処に関する法整備）の第二一条（事態対処法制の整備に関する基本方針）第五項において、「国民の協力が得られるよう必要な措置を講じるものとする」とか、同条第六項において「国民の理解を得るために適切な措置を講ずるものとする」といった内容を盛り込み、国民の戦時動員を抵抗を排除しつつ円滑に実施するための諸政策を打ち出すことを暗に仄めかしているのである。

これは今回の有事法制の次に来るであろう有事法制の個別法のなかで、戦時動員を日常的に実施するために情報操作や動員訓練、民間防衛訓練などの実施を可能とする措置を念頭に置いていることは明白である。このような形で着々と戦時体制の平時化が進められていることに最大限の注意を払う必要があろう。

政府・防衛庁は、政局が混迷するなかでも、着々と市民的自由を制限し、人権を侵害する可能性の高い法整備に向けて足場を築こうとしており、「武力攻撃から国民の生命、身体及び財産を保護するため」とする文言とは裏腹に、有事法制によって国民の安全と平和が本当に確保されるのか、それが国際平和に寄与するものなのか、あらためて疑問とせざるを得ない。

有事法制で拍車かかる日米同盟

ところで、戦後史において有事法制が政治問題化するのは、「昭和三八年度統合防衛図上研究」(通称「三矢研究」)が国会の場で暴露されてからである。それで、一九六〇年代までの有事法制研究は、一口に言えば国民の強制動員を強行しようとする戦前回帰志向型の内容であった。しかし、六〇年代後半から七〇年代にかけての有事法制研究の特徴は、可能な限り自発的な国民動員システムを目標としたことにあった。例えば、「民間防衛」という概念が持ち出され、戦争体験を通して身に付いた国民の戦争アレルギーを解除して、新たな防衛意識を高めるための工夫や手法が検討されていく。

もうひとつ、七〇年代の特徴と言えば、それまでの一国主義的な色彩の強かった有事法制の検討から、一九七八年の「旧日米ガイドライン」の合意を転機として、自衛隊がアメリカ軍との連繫を一段と深くしていくなかで、両軍の一体化と共同作戦構想が主題となるや、それとの関連づけのなかで有事法制案が位置づけられるようになった。つまり、アメリカ軍への軍事支援を円滑に実施するための法案という性格が最優先されるようになり、それまでの国家総動員体制の構築という国家の支配構造に直接関わるというものから、当座の日米軍事体制の軍事同盟化に適合する国内法整備という視点が強調されるようになったのである。

しかし、一九八八年のソ連崩壊により、それまでの有事法制研究は、米ソ冷戦体制を大前提としてきたことから、ここでも本来ならば大きな影響を受け、その位置づけの変更もあり得たが、実はその軌道修正には本格的に手をつけられないまま、同法の国会提出となったことになる。従って、有事法の底流には、依然として冷戦体制下で培われた冷戦の思想が見受けられる。

それは要約して言えば、世界の動きを軍事というフィルター越しにしか見ようとしない軍事至上主義が基本原理となっていること、そして、軍事的脅威を設定することで、この脅威を除去するには軍事力の使用が不可避とする「軍事合理性」なるものが前提となっていることだ。この二つは、間違いなく米ソ冷戦構造下で培われた戦争の論理であり、国家暴力としての戦争を正当化づけようとする思想に他ならない。それは、私たちがこの国や社会から追放すべき悪しき思想であり、反戦平和思想や運動が全力を傾けて取り組まなければならない課題である。

続いて、一九八〇年代以降、国際的な情勢の変化の下、アメリカの軍事戦略も大きく変化し、有事法制の目的も変容する。現在に連なる、この変化について言えば、一九八〇年代以降におけるアメリカの軍事戦略の変化については、有事法制の目的の変化という点では、アメリカにとって日本をアジアにおける正真正銘の軍事同盟国家として、従来のようにアメリカの前方展開戦略を保証する基地列島として、あるいは兵站補給基地や正面整備補修基地としてだけでなく、かつて湾岸戦争の折りにドイツが担ったような役割を担わせようとしている。湾岸戦争が軍事物資の大半をドイツの輸送能力に依存したように、これからのアメリカの戦争には、日本のそうした役割が待っているのである。

そのような意味で有事法制の目的は、アメリカの極めて直接的な軍事支援要求に応えていくための国内法整備の一環としての性格を多分に秘めたものとしてある。これを日米安保との絡みから言えば、私は日米安保条約が日米の二国間条約から、実際には周辺事態法成立以後、アジアあるいは世界を射程に据えたアジア安保の、さらには世界安保と展開していくなかで、新たな安保に適合するために、有事法制の整備が焦眉の課題として今日的な要請として浮上してきたと考えている。

憲法破壊に行き着く有事法制

最後に、有事法制をめぐる議論が問いかけている最大の問題は、憲法との関係である。別の章でも論じたが、今一度要約しておきたい。

有事法制によって戦争国家への道を許してしまうことは、憲法の目標である平和国家への道を閉ざすことを意味している。これは間違いなく憲法問題そのものである。戦後の日本は親法としての現行憲法を基軸に据えた憲法体系と、日米安保条約の締結以、これを根拠とする日米地位協定や安保特例法など、実に多くの安保絡みの法体系が事実上の軍事法として存在してきた。その意味で言えば、この国は軍事法の存在を一切許さないはずの憲法体系と、それと全く矛盾する内容の安保法体系が共存するという不思議な法治国家としてある。つまり、絶えず憲法は危機にさらされ続けてきた歴史を刻んできたのである。

それでもとにかく多くの問題を含みながらも、憲法が存続しているのは、多くの労働者や市民、心ある諸団体などの反戦平和運動があったからだ。けれども、有事法制という軍事法制が用意され、これが通ってしまうと、間違いなく次の新たな有事法制が連続して生み出されてくる可能性が高い。この国には安保法体系の他に、これと深く連動する形で有事法体系が本格的に登場することになる。要するに、この国には憲法体系、安保法体系、有事法体系の三つの法体系が併存する格好となるわけだ。

しかも、安保法体系と有事法体系はいわば一蓮托生の関係にあり、これがセットになって憲法体系を食い破っていく構造に、いま日本の法体系はある。有事法制は結局のところ、現行憲法を破壊する酵母となるに違いない。その意味でも、有事法制に反対することが、憲法を護り活かすことであることと同じであることをあらためて確認しておきたい。

（書き下ろし）

イラク派兵、四つの疑問

「イラク復興支援特別措置法案」（以下、イラク法案と略す）の狙いが、「人道復興支援」に名を借りた自衛隊のイラク派兵にあることは明らかだ。そのためか、法案の内容や提出理由には多くの矛盾点や問題点がある。

第一には、法案提出の根拠とする安保理決議をあまりにも都合よく解釈していることだ。例えば、「安保理決議に基づき国連加盟国により行われた武力行使並びにこれに引き続く事態」を「イラク特別事態」と規定するが、これではまるでイラク攻撃を容認する国連決議がなされたように読める。そのような容認決議は全くなされていないのが事実だ。戦争反対の国際世論を押し切り、査察の継続を求めた多くの国連加盟国の声を無視して、戦争発動に踏み切ったのはアメリカとイギリスであって、国連加盟諸国ではないのである。

また、「引き続く事態」とは、米英合同軍による〝占領状態〟を指していようが、イラクの現状は、軍事占領への不満や反発から生じる混乱の渦中にある。戦争終結宣言とは裏腹に、依然として戦闘状態が続いているのである。法案に示された「戦後の状態」と言うのにはほど遠い。〝戦場〟への自衛隊派兵とは、武力行使を前提にしたもの。それは、憲法の枠組みを大きく逸脱するものだ。

第二には、政府関係者が「安保理決議一四八三」をイラク法案の国際法上の根拠とし、自衛隊派兵は国連決議に沿ったものとする勝手な解釈を繰り返していることだ。決議自体はアメリカとイギリスの占領権力を容認する項目が並んでいるが、その決議の基本目標を示した前文が全く無視されている。前文にはイラクの主権や、「イラク国民が自由に自らの政治的将来を決定し自らの天然資源を管理する権利」が謳われているのである。安保理決議は決して自衛隊派兵による軍事的貢献を要請してはいない。あくまイラク国民の自由と平和のための貢献策を求めているにすぎないのである。

第三には、イラク法案の柱は結局「人道復興支援」と「安全確保支援」の二つになったが、それを額面通りには到底受け取れないことだ。占領権力の下での「人道復興支援」に従事することは、「大量破壊兵器」の保有を理由とした米英合同軍のイラク攻撃を容認することになる。今日に至っても所在が確認されていない「大量破壊兵器」のために多数のイラク国民が犠牲を強いられた大義なき戦争発動を容認することの意味は頗る大きい。

第四には、もう一つの柱である「安全確保支援」とは、占領軍による治安行動への支援を意味することだ。法案は、「武力による威嚇または武力の行使に当たるものではない」とするが、アメリカ軍のマッキャナン現地軍司令官が六月一二日（二〇〇三年）の記者会見で「軍事的にはイラク全土が戦闘状態で、しばらくその状態は続く」と明言している。派兵された自衛隊は、戦闘に従事する米英軍に武器や弾薬を運ぶ任務に就くことが予想され、戦闘に巻き込まれる公算は極めて大きい。そうなれば自衛隊がイラク国民から「敵軍」として見られることになりかねないのである。そのことを法案策定者たちは、どこまで危機認識を持って説明できるのだろうか。

イラク法案提出の本音に、イラクの復興支援よりも、「対米貢献」や「対米外交重視」の論理が優先していることは見え透いている。米国防総省によれば、現在四〇カ国以上がイラクへ軍隊派兵を申し出ていると言う。日本政府もそれに呼応する形を踏んでいるが、果たして自衛隊派兵がイラクの復興支援に直結するかは大いに疑問だ。それよりも自衛隊派兵により、イラクをはじめとする中東諸国の対日観が一変することを恐れる。民間レベルでの支援や民間医療グループの経験など、日本独自の支援方法は決して少なくない。その選択肢を最初から放棄し、はじめに自衛隊ありきの議論が先行すること自体、国際社会に占める日本の地位を貶めるものと言わざるを得ない。

（『東京新聞』二〇〇三年七月二日）

Ⅳ 派兵国家日本と東アジア情勢

1 克服されない歴史課題としての北朝鮮問題

はじめに

いま、私たち日本国および日本人は、いわゆる北朝鮮問題にどう向き合うべきか真剣に問うべき時期に来ている。そこで問われるべき最大の問題は、何よりも戦前期日本の三六年間にわたる朝鮮植民地支配の責任が十分に果たされていないことである。確かに、例えば一部の民間人や研究者の尽力によって強制連行の真相調査などが進みはしている。しかし、全体的な国民意識や感情において、依然として植民地責任問題を克服する姿勢にはない。

その原因は多様だが、最大の理由は戦後南北朝鮮の分断状況のもとで、南北朝鮮が日本の植民地責任を告発する機会をことごとく逸してきたことにある。その一方で、日本人および日本政府は、この南北分断状況を奇貨として植民地責任問題には徹底して無視を決め込み、同時に韓国の軍事独裁政権を支持することによって南北分断の固定化に躍起となってきた。つまり、戦後日本は南北朝鮮の分断システムによって、その過去の責任を免罪されてきたのである。

そのこと自体が戦後日本および戦後日本人の対アジア観対朝鮮観を決定づけたばかりか、日本人の反戦平和意識をも規定してきたように思われる。その平和意識や平和観とは、言うならば閉塞した平和意識であり、普遍性を欠いた平和観であった。そこでは、日本および日本人に都合のよい秩序やシステムを無意識の内に、そして、ある者は意識的かつ戦略的に「平和」と呼び放ってきたきたのである。いま、私たちが朝鮮半島の問題と正面から向き合うことで、これら誤った平和意識や平和観から解放され、そこから新たな植民地責任を問うことを通して、過去の克服へ大きく踏み出すことが可能と思われる。

そこで、小論では朝鮮民主主義人民共和国（以下、北朝鮮と略す）を中心とする朝鮮半島問題へのアプローチについて触れつつ、同時に私たち自身の平和認識や歴史認識を検証する機会として、この問題を論ずる重要性を強調することにある。

分断システムに便乗してきた戦後日本～「遠い国」化の背景～

南北朝鮮は、戦後の東西冷戦構造を起因とする朝鮮戦争を挟んで、南北分断による対立を背景に、韓国では軍事独裁政権がおよそ三〇年にわたり続いた。戦前期日本の治安維持法を模範とする国防保安法に象徴される数多くの弾圧法規が、どれだけ多くの人々を虐殺し、抑圧してきたことか。また、一方の北朝鮮も冷戦構造とそれに引き続くアジア新冷戦構造のなかで、アメリカを筆頭とする敵対諸国家による恫喝を受けながら、その対抗策として「先軍領導政策」と称する過剰な軍事体制を敷き、その過程で数多くの過ちを犯してきた。

そのような南北朝鮮をめぐる政治環境のなかで、日本は冷戦構造を温床として、アメリカに実質従属する方向で経済的繁栄を謳歌してきた。その一方で、同様の冷戦構造において韓国は軍事独裁を、他方で北朝鮮は軍事優先政策を採用し、南北朝鮮は緊張と対立の繰り返し、その結果として市民社会の充実も国力の涵養も後回しにせざるを得なかった。その過程で韓国では様々な弾圧事件が生み出され、北朝鮮では国内の管理・動員体制の強化と、対外的に挑発外交の展開が繰り返されることになる。

このことを指摘することによって、私は韓国や北朝鮮が引き起こした過去における忌まわしい人権抑圧の事実に免罪が可能だと言っているのではない。ましてや、南北朝鮮が冷戦構造ゆえに、厳格な支配体制を敷かざる得なかった、とする抗弁にも耳を貸すわけにもいかない。それはちょうど、かつての帝国日本が徹底した国民の統制・管理・動員を正当化する理由として、先発資本主義諸国家のアジア植民地化に対抗するために高度国防国家体制が不可欠であったと、する強弁と共通するものである。

そうした客観的な事実を踏まえながら、私たちにとってより重要なことは、このような南北朝鮮に孕まれた内的矛盾が分断システムのなかで常態化し、それに便乗することによって経済的な繁栄と対米従属を強めてきた戦後日本および日本人の姿勢をどう捉え直していくのか、ということだ。韓国や北朝鮮をその意識のうちに「遠い国」化していくことによって、戦後日本の負の体質に正面から向き合おうとしなかったことこそが、まず真剣に問い返すべき事柄であろう。過剰な拉致報道のなかで「北朝鮮脅威論」が振りまかれ、これに絡めとられていく多くの日本人の意識の根底にあるものこそ、ここでいう「遠い国」化を受容していく精神そのものであったのだ。

朝鮮戦争再考の必要性～民族の抑圧と解放の視点から～

戦前日本の植民地支配時代を経た後の朝鮮半島を問題にする場合、朝鮮戦争という歴史事件に触れないわけにはいかない。

朝鮮戦争とは、内戦がアメリカの介入によって拡大化され、「国際内戦」の様相を呈するに至った戦争であった。軍事的手段による政治目的の達成という手法の評価は別としても、本来は朝鮮との統一を目的とした民族解放闘争の一環であり〈革命的内戦〉として評価しなければならない。しかしながら、アメリカが国連軍の名を語って民族解放をめぐる内戦をアメリカの朝鮮半島支配という思惑を秘めつつ、内戦の拡大化を図ったのである。その結果、アメリカを筆頭とする二五カ国もの外国勢力による戦争となった。こうした朝鮮戦争の経緯から、その歴史的評価の歪みが生じることになったのである。

植民地時代から対立や矛盾を孕みながらも展開されてきた民族解放運動と、戦後の一九四五年八月から本格化してきた朝鮮統一を志向する運動や思想への解体を意図したアメリカの一連の動向のなかにこそ、この戦争の原因が存在する。これこそが分断システムの意味を決定づけたのである。

一九四九年一〇月に中国革命が成功し、中華人民共和国が成立したことを受け、アメリカはアジア戦略の変更を急いだ。その翌年四月にアメリカは、「国家安全保障のための合衆国の目的と計画」（ＮＳＣ68）を作成し、東アジアへの軍事力の大規模な展開を明示する。アメリカは中国革命を契機に朝鮮半島への全面的軍事介入の路線を固めていたのである。このＮＳＣ68こそ、アメリカのアジア冷戦構造への対応過程から産み落とされた文書であり、それは反社会主義、反民族自立・自決の既定路線が国家戦略として確定されていく起点としての位置を占める文書であった。

最近のイラク戦争でも、かつてのベトナム戦争でも、朝鮮戦争との共通性を認識しておくことが求められている。すなわち、ベトナム戦争は北ベトナムを主導とするベトナム民族主体の統一国家を創ろうとする民族内戦であり、共産主義の浸透を阻止するというアメリカの介入によって、これを〈外戦化〉され、国際内戦化さたものであった。アメリカは「局地紛争」なる用語で表現しようとしたが、アメリカはベトナム戦争という形で〈外戦化〉し、その革命的内戦の内実を奪おうと画策した。そのために約五〇万人の兵力を投入し、最終的には五万人余の戦死者を出して敗北をする。その結果、ベトナム人民は多大の犠牲を払いながら、〈革命的内戦〉によってアメリカを敗北に追いこむことになった。これがベトナム戦争の本質である。

イラク戦争の場合、反サダム・フセイン勢力は国の内外に多数存在する事は確かだが、イラクの場合は朝鮮やベトナムとは異なり、民族解放を求める主体の存在は相対的に希薄であった。フセイン政権による権威主義的な政治体制のなかで、文字通り強制的に「国民国家」化されたイラク共和国には、深刻な内的矛盾が蓄積されてはいたが、フセイン体制を解体に追い込むだけのエネルギーは分散していたのである。それゆえ、イラクの場合は民族解放というレベルでの内戦化の可能性は低かった。それでもアメリカは先制攻撃を強行して軍事占領し、ここに親米政権の樹立に向けて現在軍事占領下に置いていた。

私はイラク戦争直後に書いた論文において、イラク侵略戦争はイラク及びその隣国であるサウジアラビアなど、反米勢力を根絶やしにするための先制攻撃として敢行された戦争であり、その戦争発動はイスラム民族の自立と自決を求めるマグマの如くの熱い動きを事前に抑圧するための戦争である点を強調したことがある。

　その意味では朝鮮戦争、ベトナム戦争、イラク戦争を繋ぐ共通項は、民族の自立と自決を求める民族解放闘争に対するアメリカの抑圧への衝動を表した戦争だと捉えている。確かに、イラク戦争はアメリカ資本主義のエネルギー確保を目的とする資源収奪の一環であることも重要な原因であり動機だが、より根底的には反民族解放闘争としての戦争という位置づけは不可欠であろう。アメリカの資本主義と帝国主義は、反米民族闘争の展開を許容しては成立しないことをアメリカ自身が熟知しているのである。そのことは、戦後に限定してもアメリカの連綿と続く軍事介入の事例とその理由付けを追究していけば明らかである。

朝鮮戦争と日本～再軍備路線の開始と植民地責任の放棄～

　次に日本の朝鮮戦争への加担の実態について簡単に触れておきたい。戦後、昭和天皇は一九四七年に有名な言葉を残している。沖縄の米軍による軍事占領と米軍の日本駐留を希望するという「沖縄メッセージ」である。これを一九四七年段階で昭和天皇はマッカーサーに繰り返し申し出ているのである。昭和天皇はなぜ沖縄の軍事支配と米軍の日本駐留をアメリカに求めたのか。その理由は、大きく分けて二つ考えられる。

　一つには天皇制の護持である。国内外で起こるかも知れない天皇制解体を目指す共産革命もしくは共産主義の浸透をアメリカの軍事力で阻止することを期待したのである。言い換えれば、日本国内における民族解放闘争、つまりアメリカ軍を主体とする軍事占領に対する自主独立を求める運動総体をアメリカの力で押さえ込んで欲しいとしたのだ。

二つにはアメリカを同盟国とする陣営に組み込まれる事によって戦後日本の資本主義化の促進、日本ブルジョアジーの復権、そして、日本ブルジョアジーおよび天皇制の母体である戦前権力を解体せずに戦後に持ち込みたい。そのためには物理的暴力装置としてアメリカの軍事力に依存する。これが最大の問題である。

戦前権力の温存と復権の問題について、私は『日本海軍の終戦工作』(中央公論社、一九九六年刊)で詳しく書いたことがあるが、天皇は「聖断」によって天皇制権力の温存を図ったのである。昭和天皇は天皇制権力の温存のためにあらゆる手を打った。戦争終結への決断に踏み切れないまま、本土決戦に臨もうとした昭和天皇自身が、戦後においてはアメリカと手を結んで天皇制権力の維持・強化を目論んだのである。

アメリカは天皇の申し入れを受けるという形で日本に部隊を駐屯し、沖縄を軍政統治することになったといっても過言でない。アメリカ側も、これは日本からの申し入れによるものであって決してアメリカの野心からではない、と説明する。その結果が沖縄をはじめとする日本全土基地貸与方針を骨子とする日米安保条約である。朝鮮戦争では日本が出撃基地となって朝鮮人民の頭上に猛烈な爆撃を敢行し、さらには兵站基地としてフル稼働を強いられた。日米安保によって日本は、朝鮮戦争時以上に重要な出撃基地としての役割を担うことを事実上約束されることになったのである。

朝鮮の民族解放闘争に対して、戦後日本天皇制も、結果的に抑圧する側に回っていた。そうした意味で天皇制の朝鮮戦争加担責任というものを問題にしなかったことが不思議である。天皇の戦争責任と言えば、私たちはかつての日本の侵略戦争ばかりを問題するが、当時の日本政府の責任と一緒に、朝鮮戦争に対する天皇の戦争責任をも問ねばならないのではないか。

さらに朝鮮戦争の開始により在日米軍基地の警護を理由としつつ、日本の再軍備が強行されていったことは指摘するまでもない。朝鮮戦争が起きて一ヶ月を経ない一九五〇年七月一〇日に、七万五〇〇〇人からなる警察予備隊の創設を骨子とする「警察予備隊創設計画」が提出された。既に一九四七年に憲法が施行されており、日本の再軍備計画は当然ながら憲法違反である。アメリカは戦後の日本を非武装中立化するという方針だった。日本をして二度と軍国主義を復権させない、それがアメリカの対日戦略の要であったのである。

しかし、アメリカも一枚岩ではない。アメリカ国防総省は、ある程度日本に軍備を持たせて肩代わりさせたいと考えていた。これにアメリカ国務省は当初反対の姿勢を崩そうとしなかったが、結局予定通り、警察予備隊が朝鮮戦争の開始後に創設される。それは日本の国際社会復帰との引き替えに日米安保が締結され、アメリカの陣営に組み込まれると同時に実行に移されたのである。

日本は朝鮮戦争を弾みに、憲法第九条を骨抜きにする日米軍事同盟を締結する。そのことは戦前の日本軍国主義がアジア諸民族への抑圧と支配を強行したことへの猛省から戦後憲法の精神として含意された民族自治・民族自決などの基本原理を自己否定して見せるに等しい行為であった。言うまでもなく侵略戦争とはアジア諸民族の主体性・自立性を根底から侵すものであった。

日本軍国主義は台湾や朝鮮における植民地統治のなかで徹底した皇民化政策を強行したが、これこそ民族の主体性や自立性を抹殺する政策そのものであったのである。そのような過去の歴史事実と正面から向き合うことで、日本はアジア諸国の民族主権の尊重を掲げる趣旨を含んだ日本国憲法を手にしたはずであった。

しかしながら、例えアメリカ政府の要請だとしても、日本政府は一九五〇年一〇月一〇日から一二月六日の間に掃海艇部隊を朝鮮半島周辺の五カ所に派遣した。総勢一二〇〇人の派遣隊員の内一八人が負傷し、中谷坂太郎隊員が殉職した事実は、その後三〇年間伏せられたままだった。戦後憲法下では絶対許されない「戦死」であったからだ。

朝鮮戦争に実質加担することを通して、日本は再び民族主権の尊重をはじめとする基本原理を放棄したのである。とりわけ、三六年間に及ぶ植民地支配責任からも免れる機会をも手にしようとしたと言える。つまり、分断と戦争によって本来問われるべき日本の植民地統治責任が棚上げにされたのだ。

日本のブルジョア層や天皇制権力からすれば、分断と戦争はまさに「天佑」として受け止められた。天皇制権力にとっては朝鮮半島で起こるかも知れない朝鮮民族の解放闘争を、分断と戦争が抑止してくれるとする期待感があったことは間違いない。分断と戦争という大状況に便乗して、日本が対朝鮮政策を推し進めていくことが可能になったのである

そこでは日本の植民地責任を問う主体としての朝鮮民族が、分断と戦争によって実質解体されるという危機状況のなかで、日本政府は安堵さえしたのである。朝鮮は北はソ連・中国、南はアメリカの介入という形で、民族分裂と混乱の極みに追いこまれており、かつての植民地統

治の責任を追求する余裕もなければ許される状況でもなかった。要するに、日本は朝鮮戦争によって帝国日本の復権と天皇制権力の温存を果たし、そして植民地責任を問われることがなくなったのだ。

日本は朝鮮民族の解放闘争を解体に追い込むことと引き替えに、そのような機会を手に入れていった。日本はただ単に朝鮮戦争の出撃基地化し、特需で経済復興の足がかりを掴んだだけではなかったのである。戦前期支配層の復活を許し、民族の自治・自立を阻む国家体質を再び身につけていくことになったという点を確認しておかなければならない。

戦後保守権力の再生〜アジアからの離脱とアジアへの収奪〜

ここであらためて朝鮮戦争が戦後日本の権力総体にとって、どのような意味を持つものであったのかについて触れておきたい。

反共防波堤国家として日本が戦後出発をしたということは、民族解放運動への徹底した弾圧国家になるということである。そういう国家に「変身」することによって、戦前権力やブルジョアジーが生き残り、同時にアジア人民への抑圧機構としての軍事機構の整備、つまり、再軍備が徐々に開始されていった。

これは同時に侵略戦争と植民地統治責任の免責を意図しつつ、アジアからの再離脱という文脈で括れるのではないか。「脱亜入欧」とは福沢諭吉の言葉だが、その物言いを借用するならば、戦後は「脱亜入米」ということになろうか。共通点は「脱亜」である。地理的にはアジアにありながら、アジアではない日本を創る。つまり、権力の中枢をブルジョアジーが握り、人民弾圧システムを採用していく。それで、これに果敢に闘おうとするアジア人民を徹底的に潰していく、そういう戦略を採用するという点では戦前も戦後も同じである。それで「脱亜」という言葉が使われたのである。それはアジア人民との和解を放棄し、抑圧と支配のスタンスを明確にすることだ。

朝鮮戦争を通して日本は当時の日本の国家予算の三〇パーセントを占めるほどの膨大な特需がアメリカから舞い込み、これが経済復興の機会となったことは周知の事実だが、その特需景気のなかで日本は朝鮮植民地責任を果たす努力も用意も忘れ、戦争が景気浮揚の手段として肯定感を持って受け止められる機会ともなった。

ベトナム戦争でのベトナム特需はバブルが弾けるまでの日本の高度経済成長を支えたことも広く記憶されていることだ。日本の労働者のなかにも戦争による特需によって、甚大な犠牲者と引き替えに、経済的繁栄を確保することが可能とする思いのなかで、戦争直後に一つの共通した「国民観念」「国民意識」として定着するはずであった反戦意識や思想が、ある面では音を立てて崩れ去るような風景が出現したのである。

こうして戦後日本に培われようとした反戦の意識と平和の意識が二つの戦争を投じて、段々と希薄化されていった。その意味で、朝鮮戦争は日本人の平和観念、戦争観念を大きく逆転させてしまった、ということをも含みこんで朝鮮戦争の総括をなさなければならない。

今回のイラク侵略戦争やイラク支援法などに対して、いまひとつ反戦・反侵略への運動が労働者・市民・学生のなかで低調であった背景には、戦後の日本の平和感や戦争観念の希薄さのようなものを感じ取らざるを得ない。むしろ、イラク侵略戦争後における「人道復興支援」なる美名を掲げることで、朝鮮戦争やベトナム戦争で培われた「たかりの精神」のようなものが、日本の大手ゼネコンを筆頭に横溢している現状が目につく。「復興」の名によって莫大な資本がイラクに投入され、これを目当てに各国の資本が屯《たむろ》する場こそ、軍政統治下におかれたイラクの現状であり、先のアフガニスタンでも同様のことが言えよう。

日本政府が自衛隊派兵に固執する理由は、もちろん日米共同軍事体制を敷くために自衛隊の海外派兵体制の構築という理由もあるが、これを国家戦略というレベルで言うならば、間違いなく自衛隊に先陣を務めさせるという資本の判断が動いていると考えられる。例え、派兵された自衛官に犠牲者が出ようとも、集団的自衛権への踏み込みによる憲法違反と言われようが、なりふり構わず最初から自衛隊派兵の議論で強行突破を図ろうとする政府・自民党は、中東での資本の展開を再強化するためにこそ、アメリカとの連携のなかで先ず自衛隊軍事力の展開を最優先させようとしているのだ。

おわりに

敗戦体験は日本および日本人の歪んだ対朝鮮認識を是正する絶好の機会であったが、朝鮮戦争への把握を見誤り、ご都合主義的な解釈づけのなかで、結局のところ今日まで対朝鮮認識は一層の歪みを生じてしまった。それが拉致問題などによって増幅されてしまった。ここからも、いまあらためて朝鮮植民地支配とは、そして、朝鮮戦争とは何であったのかを問い直す作業を果敢に進める必要がありそうだ。それで、小論を終えるにあたり、あらためて朝鮮戦争の意味を整理しておきたい。

第一に、朝鮮戦争が冷戦の体制化と戦後経済の高度資本主義化の起点となり、東アジア地域を常時臨戦態勢に追い込み、それがアメリカの軍産複合体を結果し、アメリカの世界戦略の基底要因として機能していることだ。それは朝鮮半島における南北格差の固定化を結果することになる。

第二に、アジア冷戦とは相互不信と構造的暴力の体系化であり、南北分断による朝鮮人民の犠牲の上に構築される秩序を意味している。そこで肝心なことは、朝鮮半島を起点とするアジア冷戦体制がアメリカのアジアにおける民族解放闘争への弾圧を正当化していると同時に、日本のアメリカへの従属構造を規定していることだ。有事関連三法やイラク支援法なども、その流れに沿った軍事法制として機能していくはずである。

以上の点からして、私たちは戦前期日本の朝鮮植民地支配責任を全く果たしていないばかりか、日本が深く関わった朝鮮戦争責任への真摯な取り組みについても全く不充分であることに気づかないわけにはいかない。私たちの歴史認識や歴史意識のそうした課題への欠落という問題が、今日における過剰で一方的な北朝鮮への排外主義の背景をなしていると思わざる得ない。そこでは過去の克服という私たちの課題が全く無視され、現在の問題で過去の課題も覆ってしまおうという思惑が秘められている、と指摘できよう。

私たちは、一九六五年六月の日韓基本条約において分断システムを受容し、これを東アジアの安定と秩序の前提としてきた。それは同時に過去への視点を遮断する役割をも果たしてきたのである。そして、北朝鮮とは実に一九一〇年の朝鮮併合以来、実質的な意味において国家間関係を取り結んでいないことに気づくべきだろう。

二〇〇二年九月一七日の日朝トップ会談は、その意味で言えば、おおよそ一世紀ぶりの国家間関係修復の第一歩であり、日本がこれまでになく自立的な外交主体としての役割を果たしうる機会であった。その機会を自らの手で棚上げにしてしまった背景に、日本および日本人の過去を克服するに足りる歴史認識の不在という問題が横たわっているのである。

私たちは、その意味で今一度過去を振り返りつつ、過去の克服を果たす過程で、東アジアにおける新しい平和秩序の構築を前提とする主体的で積極的なスタンスを確立していくことが求められている。それによってこそ、東アジア全域を対象とする和解と共生へのプログラムを手にすることが可能となろう。

（『軍縮問題資料』第二七九号・二〇〇四年一月）

日本、有事法成立で軍事大国化の道へ

去る六月六日（二〇〇三年）に日本の国会で成立した有事三法により、日本の敗戦以後、軍事大国へ道を歩む契機が作られた。特に、アジア太平洋戦争の敗戦の反省から誕生した平和憲法によって戦争を放棄し、防衛のみに専念するといった専守防衛の概念が原則的に崩れる形になってしまった。それにより、南北対峙状況におかれている韓半島に不幸な事態が生じるとすれば、米国と共に自衛隊の派兵が可能になり、戦争拡大への道が開かれることになる。これは、過去アジア諸国に植民地支配という痛恨の苦痛を与えた日本が、再び軍事大国、戦争国家として登場することを意味している。

筆者は有事法成立により、北東アジアの周辺諸国が戦災という凄惨な過去への道を再び歩むのではないかという危機感で、これまで有事法の成立阻止のために闘ってきた。また、これからも日本政府が、自らその法案を廃棄するように全力で働きかけていくつもりである。

筆者は韓国民に有事法とは何か、この法案がどのような内容であるかを、今までの大学講義や講演で唱えてきた内容を要約し、伝えておきたい。

有事三法とは、他国からの武力攻撃に対処する基本理念や手続きを定めた「武力攻撃事態対処法」、有事での自衛隊活動を規定した「改正自衛隊法」、有事に対応する政府機能の強化を図る「改正安全保障会議設置法」などを言う。「武力攻撃事態対処法」は今回成立した有事法制関連三法の中心をなすもので、基本的には、他国から日本への武力攻撃が予測された場合に、これを事前に対処するために自衛隊の防衛出動（＝海外出動）を目的とする法律である。日本の自衛隊には、警察軍のような役割を果たすための「治安出動」、災害救助のための「災害出動」、原子力発電所など重要施設を警護するための「警護出動」、そして、他国からの武力攻撃に対処するための「防衛出動」の四つの出動パターンが

ある。

このうち日本の軍事力発動である「防衛出動」については、日本国憲法の制約もあって、それはあくまで日本が武力攻撃を受け、直接被害が発生したという事実を根拠として出動が命令されることになっている。ところが、今回成立した有事法では日本が直接被害を受けていない段階でも、武力攻撃される可能性があれば、機先を制して海外にも防衛出動ができるようになったのである。ここに決定的な違いがある訳だが、そうすると自衛隊は従来の「専守防衛」の名の通り、防衛に徹するだけでなく、「先制攻撃」が選択可能な軍隊となり、攻撃型の軍隊に生まれ変わることになるのである。それは日本が平和憲法の存在を事実上否定し、アメリカ軍と協力して軍事発動を採用する可能性が一気に増大することを意味している。それと同時に、自衛隊の軍事行為を自由自在に展開させるための法制ということである。すなわち、有事法は、本質的には軍事目的のために、自衛隊の軍事力を容易に、自由に活用できるように設けられた法律であり、北東アジア諸国に威嚇的な法律なのである。

二一世紀に入って、米国は北東アジアを主導すべく、北朝鮮に対する強硬策を繰り広げながら韓半島の緊張を高めており、韓国と日本政府に米国政策への協力を促している点を韓国の国民は看過してはならない。このような時点で、日本の有事法成立は自国の保護という名分の下で、米国との軍事共同行動政策と北東アジアに対する政策を、より一層強化させようとするものである。

韓国と日本は過去に戦争を経験した国として、北東アジアの平和と安定のためにも、韓半島の平和的統一をいち早く実現することが、日本政府の有事法廃棄と平和憲法の堅持が戦争を防止する道であるように思う。（原文韓国語）

（『韓国雪峰新聞』二〇〇三年一一月八日付）

2　派兵国家を支える民族排外主義

北朝鮮バッシングの背後にある加害者感情の癒し

派兵国家を支える「国民意識」として、一つ目に現在、朝鮮民主主義人民共和国（以下、北朝鮮）への過剰なバッシングの背景から話を始めます。その問題を考える上で関東大震災の例をあげてみたいと思います。一九二三（大正一二）年九月一日に関東大震災が起きました。そのときに約六〇〇〇人もの朝鮮人が虐殺されました。後で判ったことですが、その中には日本人や中国人もいたということですが、圧倒的には朝鮮人が犠牲となりました。

そのとき日本政府および日本軍が流した流言飛語によって大量虐殺が起こったのです。そこでは朝鮮併合以後、日本で生計を立てるしかなかった多くの朝鮮人が存在し、当時の日本政府は国民の団結を高めるために、在日朝鮮人へのバッシングを格好の手段として使い始めていました。それゆえに、朝鮮人へ対する差別意識がピークに達していたのです。

この事件から二年後の一九二五（大正一四）年四月に治安維持法が制定されています。つまり、治安維持法という戦前の歴史からいうと間違いなく最高の弾圧立法が関東大震災における朝鮮人弾圧や虐殺を契機にして生まれた事実を指摘しておきたいのです。

また、その時代と現代を重ねていけば、今日の北朝鮮バッシングと軌を一つにするかのように、有事法制問題がある。時間を超えて、この二つの問題は、決して偶然の一致ではないだろうと思います。朝鮮人バッシング、朝鮮人差別、民族排外主義というのが歴史の中に連綿として続き、完全に構造化しているし、日本人の意識の中に完全に固まりとなっていて平和憲法下においても完全に払拭できないでいるという事実があるのです。

なぜ、その排外主義が連綿として起き上がっていくのだろうかということですが、それは国内不安を排外主義に転化し、その結果警察や軍事体制の強化を招くことになります。つまり、排外主義というものの歴史的な起点は、やはり一九一〇（明治四三）年八月の朝鮮併合というところにも遡れます。日本は朝鮮併合以降、朝鮮に対して日本の植民地支配への反発を回避するために、様々な試みを積み重ねてきました。

「文化統治」と総称されるように、日本への帰属意識を強制的に高めるための皇民化政策を行ってきたのですが、それは強面の武断統治とは表向き異なり、朝鮮の文化や歴史を根こそぎ否定しようとする文化抹殺政策でもありました。そのような世界史にも類を見いだせないような統治政策を三六年間も続けてきた事実に、戦後多くの日本人は向き合おうとはしませんでした。それはあまりにも過酷な統治であったこと、戦後においては朝鮮の分断に少なからず日本が関与してきたことへの後ろめたさを痛感してきたからです。

それが、冷戦構造が終焉を迎えると同時に、そのような未決の植民地責任や戦争責任を激しく問う動きが二つの朝鮮をはじめ、アジア各地から沸き起こると、多くの日本人はそれまで抱いていた後ろめたさを一層痛覚することになってきたのです。それは日本人の多くに加害者意識を否応でも再び抱かせることになりました。そこから加害者としての立場から解放されたいという欲求が段々と強くなります。

その間にも軍隊慰安婦問題や強制連行問題で、日本は未決の戦争責任への解答を余儀なくされます。そのような状況に追い込まれた日本人にとって、北朝鮮の拉致問題は格好の巻き返しの機会と受け止められることになったのです。つまり、この事件のお陰で日本人は加害者としての立場から一気に被害者の立場へ雪崩を打ってシフトすることができる、と錯覚したのです。その錯覚は多くのメディアによって拍車をかけられ、その結果、拉致被害者への想像を遙かにこえる同情的な機運となってこの国を包み込んでしまいました。

そこでは「被害者としての連帯意識」が醸成され、それに反比例するかのように加害者としての責任意識が四散していくことになりました。戦争責任や戦後責任を痛覚していない青年層には、拉致問題が「公的なナショナリズム」を喚起させることになったのです。言い換えれば、その強烈な反共ナショナリズムが、朝鮮を植民地にしてきた、あまたの朝鮮人連行を結果した、そしてその後輩たちが在日朝鮮人としてこの国に住まれているという事実に正面から向き合おうとせず、不信と敵対心を昂揚させる結果となってしまったのです。

そこから在日韓国・朝鮮人の存在を歴史事実のなかで捉え、いつまでもニュー・カマーとして排他的に位置づけ、彼らが実はオールド・カマーとして日本に長らく生活の場を獲得している事実への眼差しを喪失していったのです。それゆえに対して、なぜそのようなことになったのかということに対し、考えを深めたくない、深めようとしないという意識、またはその事実を隠蔽したいという意識が、絶え間ない排外主義、差別意識を構造化していったのだろうと思います。言い換えれば、加害者としての自己認識が希薄であり、それが、三六年間にも及ぶ朝鮮植民地支配を加害の歴史という枠組みで捉えようとしない原因となったのです。

それゆえ、連綿と続く北朝鮮バッシングと過剰な拉致報道のなかで一段と薄れゆく加害意識や植民地支配への責任意識を粘り強く問題にしていく必要があるのです。

こうした問題は、九・一一同時多発テロに見舞われたアメリカの人びとが、今回のイラク戦争を圧倒的に支持するという問題とも繋がっています。つまり、アメリカの多くの人びとは、あの凄惨な体験をし、劇的シーンを反復して見せられる過程で、自分たちがこれまでに経験してこなかった被害者であることを深く認識することになります。再び体験するかも知れない恐怖から解放されるためには、アフガニスタンであれイラクであれ、とにかく強いアメリカが「脅威の対象」を殲滅するしかないと考えたのです。そこでも被害者との強い連帯感があらゆるイベントなどを通じて増幅されていき、ブッシュの戦争に異議を唱えることは到底ゆるされない社会の雰囲気を創っていったのです。

その意味で、アメリカでも「公的ナショナリズム」がデモクラシーをエネルギーとして炊きあげられているのです。その点では、九・一一同時多発テロ以後のアメリカと、拉致問題浮上後の日本においては、多くの共通点があるのです。その意味で言えば、日本人の多くが北朝鮮武力制裁論に傾いている危険な状態にあるわけですから、極めて緊急性を要する課題となっていると思います。

アメリカに追従する日本の位置

そういう意味で、二点目に有事法制の話に絡めて触れておきたい。いま、現代の有事法制の整備を要求する側における朝鮮脅威論の徹底利用と、これを積極的に受容する「国民の心理」という問題があります。このたび有事法制の問題が北朝鮮の問題を絶好の機会として、だから有事法制が必要なんだという非常に一見多くの方が合点してしまう指摘があります。多くのこの国に住む人々の中には有事法制というのは北朝鮮対策としても極めて有効であるという捉え方があると思います。

また、高級自衛官および大方の軍事指導部、つまり防衛庁内部の中には、アメリカと共同して軍事力の共同展開をしていくためにも、現行法で自衛隊は一兵たりとも武器を携帯して海外に展開することが極めて制約的であり不十分性であるから、これを解き放ち、せめてイラク戦争で担ったイギリスの役割をこの自衛隊が担うのだという発想があることは間違いないのです。

例えば、北朝鮮に攻めていく場合には、北朝鮮の主要な港湾施設や都市を抑える役割を自衛隊も担うべく、例えば机上訓練を大型スクリーンなどで盛んに繰り返しているのです。そのような自衛隊の一連の動きのなかで、有事法制が純軍事的に緊急課題になっている。ただここに来て国民の中にその有事法制を北朝鮮問題の中で支持している人が急速に増えているのも事実です。事実、イラク戦争前後の有事法制の支持率は上がっているのです。

イギリスがアメリカの胴元にくっついて、雪崩を打ってイラクに入っていったのは、イギリスにとってアメリカにそっぽを向かれるのが辛いというのがあります。そして、イギリスは大分以前から「国際共同体制論」を採用しており、イギリスの労働党の軍事外交戦略の基本スタンスは、まさにそれであったのです。

つまり、アメリカを排除するのではなく、アメリカをも含めてイギリス、フランス、ヨーロッパ諸国を含めた国際協調体制のなかでアメリカに対する抑制を効かせていく、そのことでイギリスの地盤沈下を最低限度に食い留めるというのがイギリスの戦略であったわけです。それでブレア首相は国内における非常に大きな反対を押し切るかたちで、アメリカにくっついて行くといったのです。そうすることによって、復興イラクに対する一定程度の影響力を及ぼしたいということもあります。そういった利益問題もありますが、イギリスの伝統的な軍事外交路線を踏み外したくないということです。

実はそういったイギリスのありようを日本の政府も外交当局も防衛当局も非常にじっくり学んでいて、日本もアジアのイギリスでありたいという欲求が満ち溢れているわけです。言うまでも無く、イギリスとアメリカは運命共同体的な関係にあるわけで、そういった形で踏み込まない限り日本は地盤沈下を起こすか、あるいはアメリカからそっぽを向かれたら太刀打ちできない、自立できないという思いがあります。そして、こういった思いは日本の政治指導部だけではなく、多くの国民の意識を捉えて離さないでいる。このことが日本の有事法制支持率のアップに結果していると思います。

国民保護法制の裏

そういうときに、三点目に、国民保護法制の問題があがっている。国民保護法制とは有事になった時、国民の保護というものをどうするのかという問題です。例えば、軍事的な非常に厳しい状況になったときに、インフラをどうするのか、下水道の整備やガスの供給などに象徴される生活レベルから始まって、教育態勢をどうするのか、などさまざまな問題について準備をしない限り、軍事国家として完結しないということは軍事のいろはです。

国民保護法制の大まかな目標が公表されたのですが、これは要するに自衛隊が中心となって形成する有事体制を下支えする民間防衛体制を平時から準備するためのものであることは間違いありません。つまり、正規軍は敵戦力と正面対決、後方では民間人の武装化を押し進めて、国民動員のシステムを創ろうとしているのである。

それで国民保護法制は大変に大きな問題だというわけで、二〇〇二年六月に『東京新聞』で、当時自民党政調副会長の職にあった現防衛庁長官の石破さんと私の見解を併行して取り上げる形式で「紙上対談」をしたことがあるのですが、私が民間防衛の本質を展開したのに対して、石破さんは、要するに民間防衛というのは沖縄と同じで補完部隊だから、つまり正規軍に対する補完兵力を構築するのが民間防衛の主たる目的であると明確に述べていたのです。

その民間防衛というものが一体どういうものをイメージしてできたかというと、陸上幕僚幹部第三部の作成した「関東大震災における軍・官・民の行動と、これが観察」（一九六〇年三月）という大変恐い資料を参考にして出きました。つまり、これは有事にたいして国内に対して騒乱、暴動、反革命（反革命とは革命に対する潰し、つまり、反革命的な体制に対して徹底的に内部から揺さぶるという意味で使っており、本来的な意味ではありませんが）に対する、そういう国内における騒乱というものを、お互いに監視しあって、お互いに摘発システムを平時から構築しておこうとするのが民間防衛であるわけです。

そして、この民間防衛の原点は、関東大震災における彼らが捏造した朝鮮人暴動にあるわけです。戦後に至ってもこの国の主導部は関東大震災のあのかたちを、そのまま時間を超えて現代の有事法制の原点たる国民保護法制の見本としているのです。

言い換えれば、彼らの頭の中にはまた日本の中には朝鮮人による暴動的なものが起こる、そのためには日常から朝鮮人に対する差別政策を徹底的に構築しておかないと、完結した軍事態勢が敷けないという考えがあるということです。そういう意味でいうと国民保護法制は、その根源を辿っていくとそういうところに行き着くわけです。

有事法制と加害と被害との逆転

四点目に、今この国に有事法制ができてしまったと仮定しましょう。条文をお読みになると判ると思いますが、明らかに、海外派兵法、対米支援法、国民動員法という側面を色濃く持っているわけです。もちろん、国民動員の中には地方自治体をまるごと動員の対象にするとか、例えば、個人のレベルで言えば大型二種保持者を動員する、といったような機能を発揮する法律であるわけです。

その動員のためにある一定の仕掛けが必要になります。その仕掛けは、万が一に被害者になるかも知れないから、被害者になる前に被害発生の元を断つために私たちは前倒しで動員に呼応しなければならない。それに棹をさしてはならない。その元凶とは何か、という設問を発したうえで、それが見える形での北朝鮮であったりするわけです。そういう意味でいうと国民動員技術としての拉致被害が我々の被害に拡大されている。それがマスコミによってです。過剰に報道されるなかで拡大・拡張されていくわけです。

ここで見逃してならないのは、本当の被害者は我々ではなくて、被害者は在日朝鮮・韓国人であって、加害者は私たちの日本人なんだということです。つまり、そこには加害と被害が逆転している状況をまったく意識化できないという問題があります。私たちは常に「被害者」である。だから正当防衛の手段として北朝鮮に対するバッシング、軍事行動に手を貸すのは、ブッシュ大統領が言うように「正義」である、という意識の中に多くの人が収斂されていく過程が露骨に表れているのだと思います。

加害と被害との関係という点で言えば、被害者は広島・長崎で原爆による被害を受けられ、現在でも苦しまれている多くの人たちがいます。そこでは爆心地を「グランド・ゼロ」と称し、原爆被害の大きさを心に刻む場となっています。だけれども「グランド・ゼロ」が、いつの間にニューヨークに行ってしまった。原爆投下を強行したアメリカもまた〝被害国〟となった。まさに加害と被害の混在状況が起きているのです。そのことを私たちは何ら不思議とも思わない。その状況を意識に上らせ、その問題性を訴えていくことが非常に大きな問題になっていくと思います。

事実としての拉致被害と、政治宣伝あるいは歴史事実の隠蔽の手段としての「拉致被害」のすり替え問題であります。そのことは侵略戦争総体の隠蔽による戦争加害の事実の棚上げに繋がっている。ですから植民地責任の問題も軍隊慰安婦の問題も、あらためて言えば歴史の克服という課題に結果しているのだと思います。強制連行の問題も軍隊慰安婦の問題も、その真相究明と実態解明、それに訴訟などの手段を通して、歴史事実を明らかにすることが、加害と被害との逆転現象を元に戻すことや混在状況をクリアにすることが、益々急務となっているのです。

少し縁遠い感じがするかも知れませんが、歴史事実が隠蔽され、政治利用の素材にのみ使われることを阻《はば》むためには、そこから始めるしかないのでしょう。

なぜ、仮想敵国を必要とするのか

明治政府の指導者たちは、中国（当時清国）を「眠れる獅子」として脅威対象国と規定して軍拡に走り、日清戦争（一八九四～九五年）に勝利すると、今度はロシアを脅威対象国と決定します。それで、ロシアのスパイが日本に沢山徘徊しており、そのロシアは世界最大の軍事大国で脅威対象国であるから、これに対抗して日本も軍拡の必要があるのだ、盛んに宣伝することになります。日露戦争（一九〇四～〇五年）に辛くも勝利すると、成立間もない社会主義ソ連に対する日本国民の敵意を煽り、シベリア干渉戦争（一九一八～一九二五年）を仕掛ます。

その後、再び中国を仮想敵国とし、済南事件（一九二五年）、山東出兵（一九二七～二八年）など軍事的挑発と出兵を繰り返し、ついに満州事変（一九三一年）を引き起こします。その後、日本は日中全面戦争を引き起こしますが、その日中戦争の延長として日英米戦争に突入します。ここでは御存知のように「鬼畜米英」のスローガンの下、徹底した仮想敵国としてアメリカ・イギリスへの非難を事あるごとに重ねていきます。

実は、この間にも特に陸軍を中心に、ソ連がシベリアのウラジオストック近郊に大空軍基地を建設中であり、一九三六年頃にはこの基地から東京への戦略爆撃が敢行される可能性が極めて高いので、これに対応して国内の軍事化、さらには高度国防国家を建設しなければならない、とする「一九三六年危機説」を躍起になって宣伝したこともあります。しかしながら、一九三六年に実際に起こったことは二・二六事件です。この事件は日本を一気に軍事体制へと転換させるものでした。つまり当時ソ連を脅威対象国とすることで軍国主義を立ち上げていったのです。

このように戦前繰り返された仮想敵国の設定は、戦後になっても繰り返されています。最初は革命中国が脅威であった。ところが七〇年に日中友好が開始がされますと、今度は敵をソ連に求めたわけです。そこでは、佐渡島にソ連のロケット部隊が進行して東京と大阪を射程圏に収め、日本全土を制圧する計画を持っているだという内容です。

それで一九八八年にソ連が解体すると、大いに困ってしまうのです。そこで登場してきたのが北朝鮮であるわけです。あまりにも出来すぎた構図が、この間繰り返されているわけです。もし北朝鮮という国が敵でなくなったら、日朝友好で国交回復してしまうと、国交がある国家を脅威対象国とすることは、やはり表向きは憚られますから、別の脅威対象を探す可能性があります。

なぜ、日本が外に脅威というものを設定しなければならないのかという理由には色々な点があると思うのですが、一つだけ挙げておけば、日本は言うまでもなく単一民族ではなく、「単一民族国家」という虚構性に乗っかる格好で近代国民国家を形成してきた。その虚構性を「実像」として解釈を迫るためにも、天皇には政治的レベルだけでなく、むしろそれ以上に文化的かつ精神的な統一・統合を果たす機能が期待されていくわけです。

その機能が円滑かつ完全に発揮されるためには排外主義、つまり敵を外に設定することによって生み出される「疑似国民統一意識」のようなものが醸成されなければならなかったのです。常に「敵」に包囲され、攻撃の対象とされる可能性があるという前提によって国内矛盾が濾過され、統合シンボルに積極的に包摂されたいとする「国民意識」が再生産され続ける構造ができあがっていったのです。それが、戦前期においては侵略戦争を「聖戦」や「解放戦争」とする解釈への肯定観を用意することになったと言えます。

問題は、そのような戦前において繰り返された恣意的な脅威設定が、戦後においても全く変わらず、繰り返されていることです。すなわち、社会主義中国から始まり、日中国交回復後にはソ連に変わり、ソ連崩壊後は北朝鮮へと設定替えがされていったのです。そこに通底するのは、戦後版排外主義思想と国家主義、そして、それらを一体化する役割期待として天皇制が存在するのだろうと思います。

（二〇〇三年九月二三日、山口市での講演から）

3 韓国社会から日本を問い直す

＊有事関連三法が成立した直後に、韓国京畿道で発行されている新聞『雪峰新聞』編集局からインタビューを受ける機会があった。その一部を紹介する。そこでは現在、韓国のメディアが有事法制の成立の機会にあらためて日本社会の現状を憂える姿勢の一端が理解できよう。

韓半島（朝鮮半島）と北東アジア情勢

――今回、纐纈先生の記事を創刊記念号の特集インタビューにする目的は、二一世紀に入ってから世界各地で発生している様々な事件や、アメリカなど大国主導下で行われた戦争により、世界は不安な状況に陥っております。特に、南北分断の対峙状態にいる韓半島情勢はもっと深刻な状況に拡張されるのではないかと我々は危惧しておりますが、先生の韓半島情勢についての予想やご意見等を教えていただけませんか。

纐纈　ソ連崩壊により冷戦構造は終わったことになっていますが、その遺物としての「アジア冷戦構造」が南北分断という形で、韓半島において依然として存在し続けていることは、北東アジア地域だけでなく、国際社会全体にとっても極めて深刻な問題です。本当の意味で冷戦構造を終わらせるためには南北分断の対峙状態を解消することが絶対に必要に思います。それなくして北東アジア地域を含めた国際社会の安定と平和は成立しないのです。

圧倒的な軍事力によってイラク戦争を「勝利」したアメリカは、その勢いで北朝鮮への恫喝を強めています。そのことは同時に韓半島にこれまで以上の不安と恐怖を深めるだけです。それによってアメリカは自ら欲する北東アジア支配の構想を実現しようとしていますが、そうなると韓半島は「二一世紀の火薬庫」として位置づけられことになります。

そのことは韓国にとっても、北朝鮮にとっても、そして日本にとっても決して好ましい状態ではありません。私はこれからの韓半島情勢については悲観も楽観もしていません。ただ、全力を挙げて韓日連携を強め、北朝鮮との対話を粘り強く続けていくことで必ず、未来への展望は開けると思いますし、そうしなければなりません。

——日本の首相としては初めて小泉首相が平壌を訪問し、金正日国防委員長と会い、虚心坦懐に意見を交わし、「平壌共同宣言」まで行うなど、それまでの日朝関係の膠着状態から和解的雰囲気へと展開するかのように思われましたが、拉致問題と核問題などでむしろ過去よりも悪い関係へと向かっております。このような状況で北東アジア諸国の平和と安定を追求するために、日韓両国が努めるべき課題とは何でしょうか。

纐纈　確かに「平壌共同宣言」が行われた時点では、一気に北朝鮮との対話の促進から国交樹立への展望が開けました。しかし、その日本政府の姿勢はアメリカからすれば性急な動きとして見られてしまったようです。アメリカはあくまでアメリカ主導の北東アジア秩序を貫徹しようとし、そのためにアメリカは北朝鮮への圧力をエスカレートしています。

そのようなアメリカの強圧的な北朝鮮政策をあらためさせるためにも、韓国と日本とが一致協力していくことで、北朝鮮を対話のテーブルに着かせることが肝要に思います。現在、残念ながら拉致問題や核問題を理由としながら、日本政府はアメリカ主導の対北朝鮮圧力政治に追随する姿勢を崩していませんが、それは必ずしも日本国民の総意ではありません。

かつての朝鮮戦争の悲劇を知る私たち日本人のなかには、二度と韓半島での戦争を起こさせないために、いまどのような貢献と支援が可能か真剣に模索していることも事実であることを知って頂きたいと思います。私たち研究者間でも、北東アジア安全保障体制の構築のシナリオを懸命に描こうとしています。その意味では、韓日双方の人的交流を北東アジアの平和構築のために一層活発にしていく必要を痛感しています。

そのために、私たち日本人は、何よりも過去の植民地支配や戦後の対韓国政策の誤りを率直に認め、和解を求め続けていくことによって信頼の回復に努めるべきだと考えています。その成果を踏まえて初めて共生関係を築き上げることができると信じています。

盧武鉉大統領の訪日

――先日、盧武鉉《ノムヒョン》大統領が日本を訪問し、小泉首相と北朝鮮の核問題と日韓関係について対談を行いましたが、先生は今回の盧武鉉大統領の訪日の意味とそれによる両国における成果についてどのように思われますか。

纐纈　私は盧武鉉大統領が、金大中前大統領の対北朝鮮政策である「太陽政策」を、原則として受け継がれようとしてことに敬意を表します。また、訪日によって、その原則を明確に小泉首相をはじめ、日本国民に表明された点については、これを高く評価したいと思います。
特に、大統領が日本の民放テレビに出演され、多くの日本国民と直接対話形式により所信を表明され、日本人からの質問にも大変ていねいにお答えになっている様子は好感を持って迎えられました。それは歴代の韓国大統領にもなかったことでしたので、日本人には一段と韓国との距離が縮まったのではないか思います。このことは両国にとっても大変貴重な財産となりました。

その財産を今後両国民がより価値のある財産にしていくべきでしょう。私は、日本政府が盧武鉉大統領の北朝鮮政策を尊重し、これに倣うべきだと考えています。一方、韓国政府もアメリカの北朝鮮圧力政治に屈することなく、韓半島の平和と安定のためには、「太陽政策」が最善の方法であることを強調し、維持していって欲しいと願っています。

——植民地及び朝鮮戦争の時の犠牲者を追悼する韓国の「顕忠日」に日本を訪問するのと、盧大統領の訪問期間に国会で通過した有事三法案問題によって韓国内では様々な意見がありました。日韓両国の国賓の訪問の際、両国民の情緒や感情を考慮すべき注意点について先生のご意見をお聞かせ願います。

纐纈　韓国の「顕忠日」に訪日を決定したことは、韓国政府の判断ですから私共としては見解を述べる立場にはありませんが、確かに有事関連三法案が成立した日でもありましたから、いずれにしても訪日のタイミングとしては好ましいものではなかったかも知れません。特に有事関連三法は、明らかに韓半島有事を想定し、場合によっては韓半島に日本の自衛隊がアメリカ軍と共に派兵される可能性を秘めた軍事法制でありますから、当然ながら韓国国内では猛烈な反発が起きたことは私もよく承知しています。

例えば、韓国の有力新聞の一つである『中央日報』(二〇〇三年五月一六日付)の社説「日本の戦時対応法を憂慮する」に記された「過去の軍国主義日本の亡霊が復活することもあり得るという憂慮と不信」が韓国国内で拡まっているとの指摘をあらためて噛みしめているところです。そのような韓国国内の動きがありながら、盧大統領の訪日が有事法制の成立と偶然ながら重なってしまったことは、盧大統領の訪日を歓迎する韓国国民にとっても複雑な思いであったろう事は想像できます。

いずれにしても、御指摘がありましたように、一国の最高指導者の振るまいは、直ちに国民の感情に反映されますから慎重を期さなければなりません。その点でも、小泉首相の靖国神社公式参拝なども、私は極めて遺憾な振る舞いの一つだと捉えています。

日本の有事関連三法とは

――先日、日本の国会で通過された有事三法案、即ち、①他国からの武力攻撃に対処する基本理念や手続きを定めた「武力攻撃事態対処法」、②有事での自衛隊活動を規定した「改正自衛隊法」、③有事に対応する政府機能の強化を図る「改正安全保障会議設置法」について、韓国の新聞読者にわかりやすくご説明願います。

纐纈　最初の「武力攻撃事態対処法」は今回成立した有事法制関連三法の中心をなすもので、基本的には、他国から日本への武力攻撃が予測された場合に、これを事前に対処するために自衛隊の防衛出動（＝海外出動）を目的とする法律です。日本の自衛隊には警察軍のような役割を果たすための「治安出動」、災害救助のための「災害出動」、原子力発電所など重要施設を警護するための「警護出動」、そして、他国からの武力攻撃に対処するための「防衛出動」の四つの出動パターンがあります。

このうち日本の軍事力発動である「防衛出動」については、日本国憲法の制約もあって、それはあくまで日本が武力攻撃を受けて、直接被害が発生したという事実を根拠として出動が命令されることになっておりました。ところが、今回の法律では日本が直接被害を受けていない段階でも、武力攻撃される可能性があれば、機先を制して海外にも防衛出動ができるとしたものです。ここに決定的な違いがあるわけです。

そうすると自衛隊は従来の「専守防衛」の名の通り、防衛に徹するだけでなく、「先制攻撃」をも選択可能な軍隊となり、攻撃型の軍隊に生まれ変わることになります。それは日本が平和憲法の存在を事実上否定して、アメリカ軍と共同して軍事発動を採用する可能性が一気に増大させることを意味しています。その他にも地方自治体および自治体労働者を対象とする動員規定や国民動員規定など、明らかに戦争体制を築くための規定が盛り込まれています。それは過去の侵略戦争の教訓から軍事発動を固く禁じた日本国憲法の内容を大きく踏みにじるものであり、日本が再び戦争国家として北東アジアに登場することに繋がっていく危険性を含んだものとしてあります。

次に「改正自衛隊法」は、特にこれまで実質的に凍結されていた自衛隊法第一〇三条の解凍を目的としたものです。第一〇三条とは、自衛隊が「防衛出動」する場合に必要とされる人材や物資の動員を自衛隊自ら要請することを可能とするもので、この命令に従わない場合は罰則をも適用する内容です。憲法の制約上、軍事目的のために人材や物資を動員することは不可能とされてきたものを今回の「改正」で解消しようとしたのです。自衛隊はこの法律によって行動への縛りを解き、人も物も自由に使えるようになったということです。

最後の「改正安全保障会議設置法」は、これまで政府内に設置されていた安全保障会議の権限を拡大するものです。具体的には同会議の議長となる首相の指示権が絶対的となり、「武力攻撃」の可能性を理由にして、国会の権限が著しく狭められ、国会や国民の目の届かないところでアメリカ軍との共同軍事行動が強行されることにもなりかねない法律です。私は、今回の「改正」により事実上、日本にも戦争指導機構が創られたと捉えています。

——そのほか、日本政府が今後「国民保護法」の他に「米軍支援法」「国際人道法」「自衛隊円滑化法」を順次に整備する方針だと聞いておりますが、この法についても簡単にご説明願います。

纐纈　有事法制関連三法が成立する過程で議論となったのは、有事における国民の人権保護という問題でした。そのために日本政府は一年以内に「国民保護法」を制定することを約束しています。しかし、この法律は要するに有事における国民の動員を円滑に進め、同時に自衛隊の軍事行動を自在に展開することができるための法制となることは明らかです。

ですから私は人権保護のための法制ではなく、細部にわたる国民動員を規定した、もう一つの軍事法制だと考えています。それゆえ、国民保護とか人権保護という名前にだまされてならないのです。より本質的には、有事においては人権が軍事目的のために制約されることを強要する法律です。

また、現時点（二〇〇三年六月中旬）では国会の会期を延長して政府が制定を進めようとしている法律に「イラク支援法案」があります。これは各国と足並みを揃えるという理由で、自衛隊のイラク派兵を実現するための法律です。イラク戦争の評価とは別に、戦禍に苦しむイラク市民を支援することは緊急課題ですが、日本には日本独自の支援の方法があるにもかかわらず、最初から自衛隊派兵を目的とした法律です。医療や衛生分野などの分野で自衛隊を派兵せずとも貢献できる方法を日本は多様に備えていますが、ここでもまた自衛隊派兵の実績を残すことで、自衛隊の海外派兵の常態化を企画しているのです。今国会では期限の切れる「テロ対策措置法」も延期されることになりました。これもまたアメリカ軍などへの軍事燃料の無償提供という形で実績をあげることで、アメリカ軍との共同軍事行動の政策を強化しようとするものです。

――外国からの武力攻撃について対応を定めた有事関連三法が六月一三日から施行されたと聞いております。戦時という非常事態での体制整備を目的にする法制が戦後初めてその効力を発効するようになりましたが、韓国を含む周辺諸国に与える影響などについていかがお考えでしょうか。

纐纈　現在日本政府は次々と軍事法制を整備することによって、軍事分野における活動領域を拡大しようと躍起になっています。そのことが果たして本当の平和的貢献に結果するのかは、大変に疑問に思います。それは、日本の近隣アジア諸国にも不安感と警戒感を与えるだけです。間違いなくこれらの軍事法制が緊迫度を高めている韓半島情勢にも悪影響を与えることになります。

その意味でも、私は一連の軍事法制が北東アジアの平和と安定のためには、極めて危険なものであって、言うならば「百害あって一利なし」の法律だと捉えています。ですから北東アジアの平和と安定のために、可能な限り早期に廃棄すべき法律だと考えています。

――先生はこれまで有事三法案成立の反対運動に全力を尽くして、ご活動をなさったことと存じます。有事法案反対と成立の阻止のためにどのような努力をなされたかをお話願います。

纐纈　私は現代世界の軍事問題の研究と近現代政治史研究に全力を注いできました。かつて日本は「国家総動員法」（一九三八年四月）を制定して、高度国防国家体制を完成させ、それによって植民地統治を強化し、アジアに対する侵略戦争を強行しました。そして、戦後には平和憲法を持ちながらも再軍備を進め、世界第二の戦力を保有することになりました。私は一人の歴史研究者として、また軍事問題研究者として、このような日本の現実に深い憤りを抱き続けてきました。

私のライフワークは、キーワードで言いますと「アジアとの和解と共生」です。このために私は有事法制問題が議論される以前から、この法律が「アジアとの和解と共生」の可能性を否定するものだとする視点から著作・執筆活動や講演活動に全力で取り組むことになりました。現在でも全国から多くの講演依頼を受けています。

残念なことに、成立こそ許しはしましたが、今度はその廃棄を目標にして、さらに大きな反対の陣営を築くために多くの仲間と連携していきたいと考えています。日本にも、このような大きな運動が存在することを韓国の皆さんにもぜひ知って頂きたいと思います。

――国内外に韓半島と北東アジア周辺に平和定着と日本の軍国主義的武装大国化の反対などで、これまで日本の右翼や政府などの抵抗勢力によって様々な身の危険を受けられたこと察知しますが、そのようなことについてお聞かせください。

纐纈　確かに日本の右翼から「売国奴」なる批判を受けています。しかし、幸いなことに身辺に危険を感じたことはありません。それは恐らく、私には多くの志を同じくする仲間が沢山いることを彼等も知っているからだと思います。私は平和国家日本の成立のために邁進しているのですから、彼等の批判は全く当たらないと考えています。また、私は国立大学に勤務する国家公務員でもありますが、政府や文部科学省から直接的に研究や発言上の制約を受けた経験もありません。

しかしながら、日本が今後さらに軍国主義化していけば、直接間接の圧力がかかるかも知れません。けれでも私は恐れていません。「アジアとの和解と共生」を実現するために、私は一介の研究者として発言と研究を続けることを使命と捉えていますから、例えどのような抵抗を受けても止めるわけにはいきません。

二度と日本がアジアに対する加害者とならないために、いまこそ私たちが率先してあるべき道を切り開いて行かなければならないのです。険しい道ほど切り開くために時間も労力もかかりますが、それは私たちに課せられた重大な責務だと確信しています。この確信こそが、未来を創るための勇気と知恵を与えてくれるのです。

――先生の数多くの著書の中で『有事法の罠にだまされるな!!』（凱風社、二〇〇二年）は、出版と同時に日本国内で大きな反響を及ぼしたことと思います。その本について簡単にご説明願います。

纐纈　昨年（二〇〇二年）、私は有事法制に反対する論陣を張るために二冊の単著を出版しました。

その一冊は『有事法制とは何か』（インパクト出版会、二〇〇二年三月刊）でした。それは戦前と戦後を通して連綿と続く日本の有事法制の歴史過程を精査したものです。これは学術書に近い内容でしたが、予想以上に多くの読者を得て現在でも版を重ねています。そして、有事法の成案が明らかになった時点で、その内容の分析と日本政府および防衛庁の危険な試みを徹底的に批判していくために二冊目の本として、この『有事法の罠にだまされるな!!』（凱風社、二〇〇二年一二月刊）を出版したのです。

本書の冒頭には、実は国際シンポジウムで行った私の講演記録であります「日米安保条約と戦後日本の保守政治」を収めてあります。そこでは冷戦構造を背景にして締結された日米安保と、その条約によって支えられた日本の保守政治そのものが、今日の有事法制を生み出した本質である点に言及しています。国際シンポでは、韓国や台湾からの研究者も報告されましたが、そのような私の主張は大きな議論を呼ぶことになりました。

その他に本書では有事法制の中身の分析を精緻におこなっており、日本政府の説明がどれほど杜撰なものであり、かつ結果的には軍事国家日本の成立につながるものであるかを指摘しています。この本も『有事法制とは何か』と同様に多くの書評を得て、多くの読者を獲得することができました。

日本の歴史の歪曲と過去清算

――日本の政治家や高級官僚による歴史歪曲発言や小泉首相の靖国神社参拝などの繰り返される行動について、かつての植民地・被害国ではそれに反発して抗議することが生じています。日本国内でなぜこのような出来事が絶え間なく生じているのか、その理由についてご意見を伺いたいと思います。

纐纈　私は現代史研究者としても長年にわたり、中国では南京虐殺事件の調査研究にも携わってきましたし、東南アジア諸国を訪れて日本の侵略戦争の爪痕を訪ね歩いた経験を持っています。日本の侵略戦争や過酷な植民地統治の実態を知る私にとっても、御指摘のような政治家の歴史を歪曲するような発言や日本軍国主義のシンボルである靖国神社の公式参拝を歴代の首相が繰り返すのは、心から深い憤りを感じています。それで何故このよう歴史の歪曲が繰り返されるというと、以下のような理由があると考えています。

第一に日本国憲法の否定です。つまり、日本国憲法は明らかに日本の過去の戦争が侵略戦争であったという反省から出発しています。日本の憲法は、その意味で極めて明快な侵略戦争や植民地統治への反省を語っているのです。それでこの憲法を否定し、憲法を改悪しようとする政治家たちは、先の戦争は侵略戦争ではなく解放戦争であり、植民地統治は正当なものであり、同時に日本人の精神の拠り所として靖国神社の価値を認めようとしているのです。

このような政治家たちは、侵略戦争を解放戦争などとする評価のうえで、憲法制定を企画しているのです。彼らにとっては、先の戦争が解放戦争であり正しい戦争であるためには、南京虐殺事件に代表される負の歴史は否定しなければならず、植民地統治についても「合意」のうえに実行されたという歪曲が必要となってくるのです。

第二に、過去の戦争の総括の過ちという問題があります。つまり、多くの日本人のなかにも、過去の戦争はアメリカの圧倒的な軍事力によって敗北したのであって、決して戦争目的は間違いではなかったとする議論が存在します。実際には中国をはじめとするアジア民衆の根強い抗日運動により国力を殺がれていき、最終的に日米戦争によって決着つけられたのですが、その歴史事実を認めようとしないことがあります。戦後日本人は、そのためにアメリカへの追随姿勢を明らかにし、その一方では他のアジア諸国民と正面から向き合おうとしなかったのです。

いわゆる、「脱亜入米」とでも言える対アジア認識を植え付けてしまい、経済成長を果たす過程でアジアを忘れていったのです。そのことはアジアへの侵略戦争や植民地支配の実態への関心を希薄にしていくことになります。それゆに、過去の清算が全くなされず、結果的に今日においても侵略戦争や植民地統治の時代と変わらない対アジアへのスタンスが採用されているのです。

私は、そのような日本政府や日本人の多くの意識にある対アジア観を何とか是正したいと思い、一九九九年に『侵略戦争――歴史事実と歴史認識』（筑摩書房刊）と題する本を出版していま す。これも多くの読者を得ていますので、過去の克服に真剣に取り組んでいる人も少なくないことを知って欲しいと思います。

――日本経済が一〇余年の長期不況が続いている中で、軍事大国化をもって過去の侵略帝国へ回帰しようとするという声にも拘わらず、日本政府は国内の不合理な各種の制度整備と構造改革が優先すべき課題よりも、軍事大国化政策へ歩み出したのではないかと周辺諸国は憂慮していますが、先生のお考えはいかがでしょうか。

纐纈　韓国をはじめ日本の周辺諸国に日本の軍事大国化への懸念が高まっていることを私も痛いほど承知しています。かつて日本に自主憲法制定論者でタカ派で知られた中曽根康弘内閣が登場したおり、韓国や中国をはじめ、日本軍国主義復活への警戒感が一気に噴き出したことがあります。しかしながら、今日の周辺諸国の日本の軍事大国化への懸念は、中曽根内閣以上だろうと推察します。

有事法制の成立を受けて、残念ながら日本はアメリカと共同して自衛隊の海外派兵体制を創り出すことになりましたから、その警戒感は極めて理由のあることです。現在、日本も経済不況下にありますが、このようなときには経済力を支えるためにも軍事力の活用が選択されかねない状況にあります。私たちは、周辺諸国の不安を解消するためにも、平和憲法の精神や目標を実現することにより、信頼を勝ち得ていく努力が求められていると考えています。

日韓文化開放について

――金大中《キムデジュン》前大統領と盧武鉉大統領は就任と同時に日韓関係改善のために歴史的清算に努力し、両国が未来志向の同伴者として韓半島と北東アジアの秩序と平和・安定に努めながら、両国の文化開放を積極的に行うべきだと唱えてきました。真の日韓友好関係を築くために両国が優先的に努力すべきことは何だと思われますか。

纐纈　第一に、日韓双方の研究者や市民たちが合同で「和解と共生のためのプログラム」を作成するための共同組織を創ることだと思います。既に、日韓の歴史研究者が集まって共同執筆による歴史教科書の作成などの試みがなされてはいますが、必ずしも巧く進んでいません。やはりそこには私が持論としているような「和解と共生のためのプログラム」というグランドテーマへの共有認識が不可欠です。

日本側で言えば、過去三五年間の植民地支配の実態をより一層明らかにすることで過去の清算を成し遂げて和解への前提を用意することですし、北東アジア地域の平和と安定のために、先ず日韓両国政府と国民とが、共生していくための具体的方法を大胆に提言していき、政策として採用されるために英知を傾けるべきだと思います。そのような思いを、あらゆるチャンネルを活用して韓国の皆さんにも訴えていければと思っています。

第二に、このような企画を実行していくためにも、両国の文化開放は絶対要件です。私は、この面で言えば日本側に韓国文化の普及は大分進んでいると思います。その一方で、日本のテレビドラマや映画については、過去の経緯もあって簡単な事ではありませんが、最も親しい隣人として同伴していくためには、今後ともあらゆるジャンルでの相互交流が積極的に進められることを期待しています。

――未だ韓国では日本文化の全面開放を案ずる声が高いです。〝日本は近くて遠い国〟という意識が国民に根強いと言えますが、日本側から見て、その原因はどこにあると思いますか。

纐纈　確かに韓国社会のなかでは、国交を結び様々な交流を深めているはずの日本への姿勢のなかに、〝日本は近くて遠い国〟という思いを抱かれている方々が多いことを承知しています。その理由は、何にもまして日本が過去の植民地統治責任を明確に果たしていないことがあります。ご承知のように、現在日本には八〇万人近い在日韓国・朝鮮人の人たちが住んでおられます。

それで多くの日本人、特に若い日本人のなかには、どうしてこれほど多くの在日韓国・朝鮮人が日本に在住しているのか理解していない者がいます。私は、そのような日本人が依然として多い事実への不信感が、韓国社会や韓国の皆さんには根強いことが一つの大きな原因だと考えています。私の大学で日韓関係史をも講じる一人として、そのような青年層の対韓国認識を是正するための努力を惜しんではならないと思っています。一日も早く、日本が韓国の良き隣人として認知して頂けるように、私どもは全力をあげるつもりでいます。

〈朴仁植訳〉

（二〇〇三年六月二三日取材）

おわりに
有事関連七法を発動させせないために

自衛隊の海外派兵を目標とするイラク支援法の成立を許した今日、私たちは、テロ特別措置法の二カ年の延長を目前に、総選挙後においては「国民保護」法制、米軍支援法、自衛隊行動円滑法、捕虜処遇法、非人道的行為処罰法などの通称で表現される有事関連法、それに加えて恒久派兵法などといったネーミングの一連の軍事法制の整備に拍車がかけられる時代に放り込まれている。

戦後半世紀のあいだに蓄積された平和破壊の企ての総決算として、周辺事態法（一九九九年）、テロ特別措置法（二〇〇二年）、有事関連三法（二〇〇三年）、そして、今回のイラク支援法と相次ぐ軍事法制のなかで、この国が名実共に軍事国家へと変容してしまったことは、もはや隠しようもない事実である。

志を同じくする仲間たちと一緒に、平和社会と普遍的な平和思想の構築に懸命に取り組んできた一人として、また一人の歴史研究者として、このような状況は耐え難い思いである。それゆえ、この時にあらためてこの間のこの国の社会の歩みに内在する問題が何処にあり、なぜこのような社会への変容を許してしまったかについて検討しておくことは、このような時代を変革し、私たちが構想する市民社会を創造していく、ひとつの契機となりえるのではないかと思う。

そのような思いのなかで、ここではまず、第一に、いまなぜ有事法制という問題関心から発して、現代社会が有事法制に象徴される軍事社会、軍事国家に質的転換を遂げつつあるのか、を可能な限り浮き彫りにしていきたいと思う。そこでは、私は自身もこの五年余りの間に三冊の有事法制関連の著作を刊行し、そこで有事法制や有事法の解釈、それにアメリカの軍事戦略に連動する自衛隊の動向を追ってきた。

それで本書では、第一に戦後半世紀を経過しているにも拘わらず、新たな軍事社会、軍事国家へと転換しようとする、この国の戦前と戦後の一貫した流れと、そこに孕まれてきた軍事体質そのものへの課題を論じようとした。一体、あれだけの侵略戦争と敗戦体験を通過しながらも、また形を変えた軍事主義が表出し、構造化しようとする原因は何か、について考えてみたかったのである。

第二には、有事法が出てきた背景を考えるなかで、平和というものは一体何によってもたらされるのか、という極めて根源的な課題にも触れてみた。戦後五〇年間の「平和」というのは、恐らくは本当に私たちが求めてやまなかった平和というものとは大分違っていたのではないか、私たちは内実を欠いた「平和」を平和と呼ばされてきただけではないのか、という思いを私は強く感じてきたが、その点について思うところを述べた。

それに加え、なぜ私たちは求めようとしてきた平和ではなくて、上から与えらた「平和」をあまり吟味することなく、安直にその平和ならざる「平和」に寄りかかってきたのか、それを真剣に検証しようとしてこなかったのか、など自問自答を重ねる機会を逸した結果が今日の新たな戦前を招いてしまったのではないか、といった問題にどう答えていったらよいのか、という諸点についても考えてみた。

第三に、戦後の日本人はなぜ、憲法に謳われた平和の思想を実現することに失敗してしまったのか。なぜ、あれだけの敗戦体験を活かして普遍的な価値を秘めた平和というものを獲得できなかったのか、換言すれば、本物の自由というものを獲得できなかったのか。その最大の理由は何処にあるのか、という大変大きな課題をも論じたつもりである。

それらの点について、どこまで課題に迫り得たかは読者諸氏の判断に仰ぐしかないが、私は以上の点を中心に今後も考え、発言し続けていきたいと考えている。

ところで、このような書物を書いている間にも、日本政府はさらに各種の有事法制を着々と準備し、国会に提出している。本書が出版される頃には、可決成立する公算が極めて高い状況下にある。

私もこれまでに書き綴った書物や論文において、一旦有事法制を許せば、次々と別の有事法制が留めようもなく成立していく可能性を強調しておいた。戦前期日本においては、国家総動員が制定されるや、それ以後大まかに数えても二〇〇以上の、今日的な言い方をすれば有事法制が相次ぎ整備されていった。その結果、強固な軍事国家が形成されていったのである。今後、さらに別種の有事関連法が立て続けに成立するようなことになれば、文字通りアメリカと同様の世界最強の軍事国家あるいは派兵国家として日本が国際社会に登場することになる。

そうした軍事国家・派兵国家を超える論理を編み出し、行動することを通して、私たちにとっての目標とすべき社会の形成や思想の自由を取り戻すために、より活発な議論を引き起こしていくことが益々求められている。

山口に居住する私の周りにも、数こそ多くないかも知れないが、派兵国家を超える論理を求め、反派兵や憲法改悪反対に立ち上がっている仲間や市民が確実に増えてきている。地域でもそのような人たちと連繋しながら、時には勇気づけられながら私は発言の機会を提供されもし、求めもしてきた。

そのような私の思いや行動の記録を、今回もまたインパクト出版会の深田さんに汲み取って頂いた。インパクト出版会からは、『検証・新ガイドライン安保体制』（一九九八年刊）、『有事法制とは何か』（二〇〇二年刊）に続いて、三冊目の書物となる。深田さんには、あらためてお礼申し上げたい。例によって、ほとんどが、その時々の思いで一気に書き上げた論考や講演での発言録である。各論考に多少の重複や繰り返しがあることは承知しているが、その点は私の思いの強さの表れとして御容赦願いたい。

二〇〇四年五月

纐纈　厚

【資料】

九州・山口小泉靖国公式参拝違憲訴訟判決文

平成16年4月7日判決言渡し　同日原本交付　裁判所書記官
平成13年（ワ）第3932号　損害賠償等請求事件

判　決

当事者の表示　別紙当事者目録記載のとおり

主　文

1　原告らの請求をいずれも棄却する。
2　訴訟費用は原告らの負担とする。

事実及び理由

第1　請求

被告らは，原告それぞれに対し，連帯して10万円を支払え。

第2　事案の概要

本件は，原告らが，被告らに対し，内閣総理大臣である被告小泉純一郎がその職務として靖国神社に参拝したことは政教分離規定等に違反する違憲行為であって，これにより原告らの有する信教の自由，宗教的人格権及び平和的生存権が侵害され，精神的損害を被った旨主張して，被告国に対しては国家賠償法1条1項に基づき，被告小泉純一郎に対しては民法709条に基づき，それぞれ損害賠償を求めた事案である。

1　前提となる事実（争いのない事実及び後掲証拠により認められる事実）
(1)　当事者

ア　原告らのうち別紙当事者目録記載番号1から10までの原告らは，いずれも第2次世界大戦における戦没者の遺族（以下「戦没者遺族」という。）である。

イ　原告らのうち同目録記載番号11から58までの者は，いずれも仏教の僧侶，門徒又は信徒である。

ウ　原告らのうち同目録記載番号59から130までの者は，いずれもキリスト教の神父，牧師又は信徒である。

エ　原告らのうち同目録記載番号131から209までの者は，いずれも特定の宗教や信仰を持たない者である。

オ　原告らのうち同目録記載番号210及び211の者は，いずれも在日コリアンである。
カ　被告小泉純一郎（以下「被告小泉」という。）は，内閣総理大臣である。
(2)　被告小泉による靖国神社参拝
　被告小泉は，平成13年8月13日，靖国神社に参拝した（以下「本件参拝」という。）。

2　争点及び当事者の主張
(1)　原告らの被告小泉に対する本件訴えが訴権の濫用に当たるか否か。
(被告小泉の主張)

　原告らの被告小泉に対する本件訴えは，被告小泉が一人の自然人として信教の自由を実現するために行った本件参拝を違憲，違法と断じた上で損害賠償を求めたものであり，訴訟の名を借りて，被告小泉の有する信教の自由を制限しようとするものであるから，訴権の濫用として不適法である。

(原告らの主張)

　原告らの被告小泉に対する本件訴えは，被告小泉が内閣総理大臣の職務として行った本件参拝を違憲，違法である旨主張して損害賠償を求めたものであるから，訴権の濫用に当たらず適法である。
(2)　被告らが原告らに対して損害賠償責任を負うか否か。
(原告らの主張)
ア　本件参拝の違憲性
（ア）靖国神社の性格と役割
　靖国神社は，明治時代に国家神道の成立とともに国家神道の頂点に位置するものとして創建されたものであり，天皇のために戦死した者を勲功顕彰するための宗教的施設であった。靖国神社は，日清戦争及び日露戦争を機に，戦死者を英霊として慰霊顕彰し，天皇制への帰依を強化する施設としての機能を発揮し，軍国主義の生成及び発展についての精神的支柱としての役割を果たすとともに，戦争完遂のために戦死を美化する宗教的思想的装置として極めて重要な役割を担った。

　第2次世界大戦後（以下「戦後」という。），靖国神社は宗教法人となったが，国家神道の思想を堅持しており，戦死者を神として崇めることにより，戦死を空襲などによる戦災死などとは明確に区別し，戦死を気高いものとして美化している点において第2次世界大戦前（以下「戦前」と

いう。）と何ら変わるところはなく，戦前の国家神道的性格及び軍国主義的性格を継承している。

（イ）憲法20条3項（政教分離規定）違反

被告小泉は，靖国神社本殿において，神道式のお祓いを受けた後，同神社の祭神である英霊に対し，一礼して参拝した。同神社本殿は，同神社が神として信仰する英霊が祭られており，これに対する畏敬崇拝の行為をなす場所であること，被告小泉は，同神社本殿において，身を清めるという意味での神道方式のお祓いを受けたこと，二拝二拍手一拝という神道方式の礼拝ではないが，一礼して祭神である英霊に対して畏敬崇拝の心情を示したことなどからすれば，本件参拝は宗教的活動である。そして，国及びその機関は，いかなる宗教的活動もしてはならない（憲法20条3項）のであるから，本件参拝のようないわば国家自身が行ったに等しい宗教的活動については，いわゆる目的効果基準は適用されず，その活動の目的及び態様がいかなるものであっても，憲法20条3項に抵触し違憲となる。

仮に，目的効果基準を採るとしても，本件参拝は，靖国神社が神として信仰する英霊に対して畏敬崇拝する心情を示すという宗教的意義を有し，本殿という畏敬崇拝の対象である英霊が祭られた場所で行われていること，一部神道方式に沿った行為が行われていること，一礼式の参拝行為は神道方式に沿ったものではないが，英霊に対して畏敬崇拝の心情を示す行為であることに代わりはないことからすれば，本件参拝は，靖国神社が国家の宗教である，又は国家が靖国神社を特別に保護しているとの認識を与えるものとして，靖国神社を援助，助長するものであるから，本件参拝は憲法20条3項の禁止する宗教的活動に該当する。

よって，本件参拝は憲法20条3項（政教分離規定）に違反し，違憲である。

（ウ）信教の自由及び宗教的人格権侵害（憲法20条1項前段）の違憲性

原告らは，憲法20条1項前段により，信教の自由及び日常の市民生活において平穏かつ円満な宗教的生活又は非宗教的生活を享受する権利である宗教的人格権が保障されている。本件参拝は，国の機関である内閣総理大臣が特定宗教である靖国神社と結びつき，これに関与する行為であり，国やその機関の権威をもって，原告らに対して同神社への信仰を強制し，同神社を信仰しない原告らの信教の自由及び宗教的人格権を侵害したものであって，違憲である。

（エ）平和的生存権（憲法前文，9条）侵害の違憲性

原告らは，憲法前文及び9条によって，全世界の国民がひとしく恐怖と欠乏から免れ，平和のうちに生存する権利である平和的生存権が保障されている。

本件参拝は，靖国神社という戦前の全体主義的な政治的象徴を承認，称揚，鼓舞するという行為であって，憲法の定める平和主義の大原則に違反し，原告らの有する平和的生存権を侵害したものであって，違憲である。

イ　原告らに対する権利侵害

（ア）政教分離規定（憲法20条3項，89条）の保障する人権に対する侵害

憲法20条3項，89条の政教分離規定は，戦争の悲惨な体験から，国家と神道が結びつくことを徹底的に排除することにより，国民に対し，何の侵害も受けることなく，心のままに不安なく信仰を貫徹できる自由を保障し，信教の自由に対する直接的間接的な強制又は圧迫から国民を保護するための規定である。したがって，国家及びその機関が政教分離規定に違反する行為をした場合，その行為が直接的な強制であるか間接的な強制であるかを問わず，同規定が保障する人権を侵害するものである。本件参拝は，前記のとおり，政教分離規定に違反する行為であるから，同規定が保障する原告らの前記人権を侵害したものである。

（イ）信教の自由（憲法20条1項前段）に対する侵害

信教の自由は，特定の宗教を信仰すること又は信仰しないことを強制されない自由を含んでいる。そして，このような自由は，直接的物理的に強制的な圧迫干渉がなくとも侵害され得るものである。

本件参拝は，前記のとおり，国やその機関の権威をもって，原告らに対し，靖国神社への信仰を心理的に強制したものであり，同神社を信仰しない原告らの信教の自由を侵害したものである。

（ウ）宗教的人格権（憲法20条1項，3項）に対する侵害

宗教的人格権は，政教分離規定により，又は信教の自由の一内容として憲法上保障されている人権であり，また，仮に憲法上の保障が及ばないとしても，少なくとも民事上又は国家賠償法上，法的に保護すべき人格的利益である。本件参拝は，仏教，キリスト教の信者又は無宗教者である原告らが，国家神道により精神的圧迫を受けない平穏な環境の下で，宗教的活動をし，又は無宗教者として生活することを妨げ，原告らそれぞれが貫いてきた信教ないし無宗教の世界観及び歴史を根底から否定し，原告らに対して圧迫感，屈辱感，恐怖感及び不安感等の精神的苦痛を与え，原告らの宗教的人格権を侵害したものである。

（オ）平和的生存権に対する侵害

本件参拝は，原告らに戦争被害を再体験，想起させ，原告らの平和を希求する思いを蹂躙するものであって，原告らの平和的生存権を侵害したものである。

権利侵害の個別的内容

a　戦没者遺族である原告ら

本件参拝は，戦没者の死の意味をその遺族に対して強制するものであり，本件参拝によって，戦没者遺族である原告らは，他者からの干渉や介入を受けずに静謐な宗教的又は非宗教的環境の下で，それぞれの敬愛追慕の念により，肉親の死を意味づけ，肉親らを慰霊追慕する自由を侵害された。

b　仏教及びキリスト教を信仰する原告ら

本件参拝は，靖国神社に公的権威を与え，その余の宗教を靖国の劣位において抑圧する効果を持つものであり，本件参拝によって，仏教及びキリスト教を信仰する原告らは，信仰の自由を侵害された。

c　特定の信仰を持たない原告ら

本件参拝によって，特定の宗教を持たない原告らは，無宗教又は無信仰という生活（非宗教的生活）を平穏かつ円満に享受する権利を侵害された。

d　在日コリアンである原告ら

本件参拝によって，在日コリアンである原告らは，日本による侵略戦争と植民地支配の恐怖やそれに起因する欠乏に苦しめられることなく安んじて平和のうちに生存する権利及び平和を愛する諸国民との間に築き上げた信頼関係の下で戦争の恐怖や予感に脅かされることなく安んじて暮らしていきたいという生存の基本たる権利を侵害された。

ウ　被告らの責任

（ア）被告国の責任

被告小泉は，内閣総理大臣の職務として本件参拝を行ったものであるから，被告国は，国家賠償法1条1項に基づき，原告らに生じた損害を賠償する責任を負う。

（イ）被告小泉の責任

国家賠償法の意義及び機能は，被害者の財産的救済のみならず，公務執行の適正担保にもあると考えられるから，同法1条は，少なくとも違法行為が故意又は重大な過失による場合は，加害公務員個人に対して請求

することを妨げない趣旨と解すべきである。

被告小泉は，故意の違法行為によって原告らに損害を与えたものであるから，民法709条に基づき，原告らに生じた損害を賠償する責任を負う。
エ　原告らの損害
本件参拝によって原告らが被った精神的損害は，それぞれ10万円を下るものではない。

(被告らの主張)
ア　本件参拝は原告らの法律上保護された具体的権利ないし法益を侵害するものではないこと
(ア) 政教分離規定の保障する人権の侵害の主張について
政教分離規定は制度的保障の規定であって人権保障規定ではない（最高裁昭和52年7月13日大法廷判決・民集31巻4号533頁，同昭和63年6月1日大法廷判決・民集42巻5号277頁）から，原告らの主張は失当である。
(イ) 信教の自由の侵害の主張について
信教の自由の保障は，国家から公権力によってその自由を制限されることなく，また，不利益を課せられないという意味を有するものであり，国家によって信教の自由が侵害されたといい得るためには，少なくとも国家による信教を理由とする不利益な取扱い，又は強制もしくは制止の存在することが必要である。

本件参拝は，原告らの信教を理由に原告らを不利益に取り扱ったり，原告らに特定の宗教の信仰を強要したり，あるいは原告らの信仰する宗教を妨げたりするものではない。したがって，本件参拝が原告らの信教の自由を侵害した旨の原告らの主張は理由がない。
(ウ) 宗教的人格権の侵害の主張について
原告らの主張する宗教的人格権なるものは，その内容が不明であり，いかなる行為によりどのような状態に至った場合にこれが侵害されたことになるのか全く明らかにされておらず，そもそも法律によって一律に保護すべき場合を確定し得ないものである。したがって，原告らの主張する宗教的人格権は，法律による保護にはなじまない個人の主観的感情にすぎないものであり，国家賠償法上保護された具体的権利ないし法益とはいえない。
(エ) 平和的生存権の侵害の主張について
原告らの主張する平和的生存権なるものは，その概念そのものが抽象的かつ不明確であるばかりでなく，具体的な権利内容，根拠規定，主体，成立要件，法的効果等のどの点をとってみても一義性に欠け，その外延

を画することさえできない極めて暧昧なものであるから，国家賠償法上保護された具体的権利ないし法益ではない。したがって，本件参拝が原告らの平和的生存権を侵害した旨の原告らの主張は理由がない。
（オ）以上より，本件参拝によって原告らの法律上保護された具体的権利ないし法益が侵害された事実はない。
イ　被告国の責任について
本件参拝は，被告小泉が私人の立場で行ったものであり，内閣総理大臣の資格で行ったものではなく，公務員の職務行為として行ったものではないから，国家賠償法1条1項の要件を具備しない。以上より，被告らは，原告らに対して損害賠償責任を負わない。

（被告小泉の主張）

仮に，本件参拝が内閣総理大臣の職務として行われたものであったとすれば，公権力の行使にあたる公務員の職務行為に基づく損害については，当該公務員は賠償責任を負うものではない（最高裁昭和53年10月20日第二小法廷判決・民集32巻7号1367頁）から，原告らの被告小泉に対する本件請求は主張自体失当である。

第3　当裁判所の判断
1　争点（1）（原告らの被告小泉に対する本件訴えが訴権の濫用に当たるか否か。）について
(1) 被告小泉は，原告らの被告小泉に対する本件訴えは，被告小泉が一人の自然人として信教の自由を実現するために行った本件参拝を違憲，違法と断じた上で損害賠償を求めたものであり，訴訟の名を借りて，被告小泉の有する信教の自由を制限しようとするものであるから，訴権の濫用として不適法である旨主張する。しかしながら，原告らの被告小泉に対する本件訴えは，被告小泉が内閣総理大臣の職務として本件参拝を行ったことにより精神的損害を被った旨主張して損害賠償を請求するものであって，被告小泉が一人の自然人として私人の立場で本件参拝を行った旨主張して損害賠償を請求するものではない。また，本件全証拠によっても，原告らにおいて被告小泉の有する信教の自由を制限しようとする目的で，被告小泉に対する本件訴えを提起したことを認めることはできない。
(2) したがって，原告らの被告小泉に対する本件訴えは訴権の濫用には当たらない。

2　争点（2）（被告らの原告らに対する損害賠償責任の存否）について

（1）認定事実

前記前提となる事実に加えて，証拠（甲1ないし5，10ないし14，19，66，158）及び弁論の全趣旨によれば，次の事実を認めることができる。

ア　靖国神社の沿革及び性格

（ア）靖国神社は，戊辰戦争における官軍側の戦死者の招魂慰霊のため，明治2年，明治天皇の命により創建された東京招魂社を起源とするものである。

（イ）東京招魂社は，明治12年に靖国神社と改称され，社格制度の下，臣民を祭神とする全国的に重要な神社を遇するために創案された別格官幣社に格付けられるとともに，内務，陸軍及び海軍の各省の共同管轄下に入った。「靖国」の社号は，古代中国の史書「春秋」に由来するものであって，安国及び鎮国と同義であり，明治天皇が命名したものであった。

（ウ）靖国神社は，明治20年，内務省の管轄を離れ，陸軍及び海軍の各省の管轄下に入り，天皇の意志に基づき，明治維新における官軍側の戦死者等の国事殉難者を祭神として合祀（既に祀られている神々に新たに合わせて祀ること）するようになり，新たに合祀する度に，新祭神の官位姓名を名簿（後の霊璽簿）に記載し，神体の神鏡及び神剣に加えて，その名称を副神体として社殿に祀っていた。

（エ）その後，靖国神社は，日清戦争及び日露戦争を経て，これらの戦争における戦死者を祭神として合祀することによって，戦死者を慰霊顕彰するための軍の宗教施設としての役割を果たした。なお，戦死者（祭神）の霊は，忠魂，忠霊と呼ばれてきたが，日露戦争のころから英霊という呼び方が一般化するようになった。

（オ）靖国神社は，第1次及び第2次世界大戦中も，臨時大祭を執り行うなどして戦死者を祭神として合祀し続け，国家神道の精神的支柱の役割を果たした。また，国家神道に対しては事実上国教的な地位が与えられ，キリスト教系の学校生徒が神社に参拝することを事実上強制されるなど，他の宗教に対する迫害が加えられた。

（カ）戦後，昭和20年12月に連合国軍総司令部が日本政府に宛てた覚え書「国家神道，神社神道ニ対スル政府ノ保証，支援，保全，監督，並ニ弘布ノ廃止ニ関スル件」（いわゆる神道指令）によって，国家神道の廃止を中心とする徹底的な政治と宗教の分離がなされるようになり，宗教の統制と戦争への動員を目的として制定された宗教団体法が廃止され，宗教団体が自主的な届出によって宗教法人となることができる旨規定された宗

教法人令が公布施行された。昭和21年2月2日には，神祀院官制をはじめ，神社関係の全法令が廃止され，国家神道は制度上も消滅し，同日改定された宗教法人令によって，靖国神社は同令に基づく宗教法人とみなされ，直ちに東京都知事に届出を行い，民間の宗教団体である神社本庁に所属しない東京都の単立の宗教法人となった。靖国神社は，国家神道の廃止により一切の国家的性格を喪失し，同時に近代天皇制下で続けられてきた祭神の合祀も国家の主体的な援助の下でされることはなくなった。
（キ）昭和26年，宗教法人令が廃止されて宗教法人法が公布施行されたことに伴い，靖国神社は，同年9月，東京都知事の認証を得て宗教法人法に基づく単立の宗教法人となった。その規則においては，「明治天皇の宣らせ給うた『安国』の聖旨に基き，国事に殉ぜられた人々を奉斎し，神道の祭祀を行ひ，その神徳をひろめ，本神社を信奉する祭神の遺族その他の崇敬者を教化育成し，社会の福祉に寄与しその他本神社の目的を達成するための業務及び事業を行ふことを目的とする。」と定められ，また，その社憲の前文においては「本神社は明治天皇の思召に基き，嘉永六年以降国事に殉ぜられたる人人を奉慰し，その御名を万代に顕彰するため，明治二年六月二九日創立せられた神社である。」，2条に「本神社は御創立の精神に基き，祭祀を執行し，祭神の神徳を弘め，その理想を祭神の遺族崇敬者及び一般に宣揚普及し，社運の隆昌を図り，万世にゆるぎなき太平の基を開き，以て安国の実現に寄与するを以て根幹の目的とする。」と定められ，戦前の靖国神社との継承性が謳われている。
（ク）靖国神社は，その境内に鳥居，拝殿及び本殿等の神社固有の施設を有し，宮司，権宮司等の神職を置き，春秋の例大祭，合祀祭を重要な祭祀として執り行い，その他にみたま祭，新年祭，建国記念祭などの祭祀を神道方式により行っている。
　春季例大祭は毎年4月21日から23日まで，秋季例大祭は毎年10月17日から20日までの各4日にわたって執り行われる祭祀である。靖国神社は，戦後も合祀祭を執り行い，戦前の基準を踏襲して軍人軍属，準軍属及びその他を合祀の対象者とし，昭和53年には，戦後のいわゆる東京裁判においてA級戦犯とされた者も合祀し，平成14年1月1日現在，合祀柱数は246万6000柱（うち約210万柱は第2次世界大戦による戦没者）に上っている。なお，靖国神社は，空襲による一般市民の戦没者は合祀の対象者とはしていない。
イ　本件参拝に至る経緯
（ア）前記のとおり，靖国神社は，戦後の国家神道の廃止により，一切の

国家的性格を喪失し，宗教法人法に基づく宗教法人となったが，日本遺族厚生連盟は，昭和27年6月の理事会及び評議員会で，戦犯者の靖国神社への合祀を求める旨の運動方針の大綱を定め，第4回全国戦没者遺族大会で，靖国神社の慰霊行事に対する国費の支弁を求める旨の決議をし，靖国神社の国家護持を要求した。日本遺族厚生連盟は，昭和28年に財団法人日本遺族会に組織変更した際，「英霊」の顕彰を目的とするようになり，これをきっかけに，日本遺族会及び靖国神社等が協力し，さらに国会議員も加わって靖国神社の国家護持運動が起こった。

（イ）昭和44年，靖国神社の国家護持を目的とする靖国神社法案が議員立法の形で国会に提出されたが審議未了で廃案となり，同案はその後も4回提出されたが，いずれも廃案となり，昭和49年に自由民主党（以下「自民党」という。）が法制化を断念した。

（ウ）昭和50年，衆議院内閣委員会委員長になった自民党の藤尾正行衆議院議員は，靖国神社について，最終目標を国家護持に置きながら，①天皇及び国家機関の地位にある者等のいわゆる公式参拝（当時の衆議院法制局長は，「国の立場というのが明確になる立場」と説明している。），②外国使節の公式表敬訪問，③自衛隊儀仗兵の参列参拝，④国民の支持を得られるよう合祀対象を広げて，警察官や消防士なども含めることなどという段階的な案を発表した。

（エ）そして，昭和50年8月15日，当時の内閣総理大臣の三木武夫は，全国戦没者追悼式に出席した後，戦後内閣総理大臣の地位にある者としては初めて，終戦記念日に靖国神社に参拝した。三木武夫は，自民党総裁専用車で公職者を随行させずに靖国神社に赴き，肩書きを付さずに「三木武夫」と記帳して参拝し，私費で玉串料を支出した。

政府は，同参拝後，公式参拝ではなく私的参拝であるための基準として，①公用車は使わない，②玉串料は公費支出しない，③記帳には肩書きを付さない，④公職者を随行させないという4つの条件を挙げ，三木武夫の参拝は私的なものであるとの見解を示した。

（オ）昭和53年8月15日，当時の内閣総理大臣である福田赳夫は，公用車を使用し，3名の公職者を随行させ，「内閣総理大臣福田赳夫」と記帳し参拝したが，玉串料は私費で支出した。

そして，政府は，①私人としての参拝は首相も閣僚も信教の自由の保障により可能である，②特に政府の行事として参拝を決定し，あるいは玉串料を公費で支出しない限り，私的行為である旨の新たな統一見解を発表し，本件参拝は違憲ではないとの見解を示した。

(カ) その後も，昭和54年から55年にかけて，当時の各現職内閣総理大臣である大平正芳及び鈴木善幸は，靖国神社に参拝した。

政府は，同年11月17日，①国務大臣としての資格で靖国神社に参拝することは，憲法20条3項との関係で問題がある，②政府としては，国務大臣としての靖国神社参拝を合憲，違憲とも断定していないが，違憲ではないかとの疑いをなお否定できない，③そこで，国務大臣としての参拝は差し控えるという内容の新たな統一見解を発表した。

(キ) 次いで内閣総理大臣に就任した中曾根康弘は，昭和58年，春季例大祭の際に靖国神社に参拝し，「内閣総理大臣たる中曾根康弘」として参拝した旨述べた。中曾根康弘は，昭和59年の春季例大祭及び終戦記念日の際にも靖国神社に参拝し，それぞれについて「内閣総理大臣である中曾根康弘」として参拝した旨述べた。また，中曾根康弘は，公式参拝の合憲性を根拠付けるため自民党に検討を指示し，これを受けて，自民党は，公的機関の地位にある者が神社や寺院を訪れて，戦没者の功績を称え，玉串料などを公費支出しても違憲ではない旨の見解をまとめた。

(ク) 同見解を受けた政府は，昭和59年，官房長官の私的諮問機関として，「閣僚の靖国神社参拝問題に関する懇談会」(以下「靖国懇」という。) を設置し，靖国懇に検討を委ねた。靖国懇は，昭和60年に報告書をまとめ，内閣総理大臣その他の国務大臣の靖国神社公式参拝について，その大臣としての公的資格で行う参拝と定義づけた上，戦没者の追悼は宗教，宗派，民族，国家の別などを超えた人間自然の普遍的な情感であって，国民の要望に即し，国及びその機関が国民を代表する立場で行うことも当然であり，国民や遺族の多くは，今日まで靖国神社をその沿革や規模から見て依然として日本における戦没者追悼の中心施設であると受け止めており，内閣総理大臣その他の国務大臣が同神社に公式参拝することを望んでいるものと認められるとして，大方の国民感情や遺族の心情を酌み，政教分離原則に関する憲法の規定に反することなく，また，国民の多数により支持され，受け容れられる何らかの形で内閣総理大臣その他の国務大臣の靖国神社への公式参拝を実施する方法を検討すべきとの見解を示した。

(ケ) 靖国懇の報告を受けて，中曾根康弘は，昭和60年8月15日，公用車を使用し，当時の官房長官である藤波孝生及び厚生大臣である増岡博之を公務として随行させ，拝殿で「内閣総理大臣中曾根康弘」と記帳し，本殿において一礼する方式により，内閣総理大臣としての資格において靖国神社に参拝した。しかしながら，国内の宗教団体及び市民団体やア

ジア諸国から厳しい批判や抗議を受けたため，中曾根康弘は，同年10月の秋季例大祭における靖国神社への参拝を見送り，結局，中曾根康弘によるいわゆる公式参拝は1回のみなされ，その後，現職の内閣総理大臣がいわゆる公式参拝をすることはなかった。

なお，中曾根康弘の上記参拝については，慰謝料の支払を国や中曾根康弘個人に求める国家賠償請求訴訟が複数の地方裁判所に提起され，そのうち大阪地方裁判所のした判決に対する控訴審である大阪高等裁判所は，同参拝は憲法20条3項所定の宗教的活動に該当する疑いが強く，同条項に違反する疑いがある旨判示した。

（コ）平成13年4月18日，被告小泉は，自民党総裁選の討論会において，尊い命を犠牲に日本のために戦った戦没者たちに敬意と感謝の誠を捧げるのは政治家として当然であり，内閣総理大臣に就任したら，8月15日の戦没慰霊祭の日にいかなる批判があっても靖国神社に参拝する旨述べ，また，同月24日，自民党総裁としての初めての記者会見において，日本の発展は戦没者の尊い命の犠牲の上に成り立っており，戦没者慰霊祭の日に靖国神社に参拝することによって，そのような純粋な気持ちを表すのは当然である旨述べた。

さらに，被告小泉は，内閣総理大臣就任後の同年5月14日の衆議院予算委員会において，依然として靖国神社に参拝するつもりである旨及び靖国神社に参拝することが違憲だとは思わない旨答弁した。

（サ）しかし，靖国神社への参拝をめぐっては，中華人民共和国や大韓民国から参拝中止を強く求められ，また，国内においても，内閣内や自民党内からも反対意見が相次ぎ，朝日新聞社の世論調査においても，被告小泉の靖国神社参拝に対して慎重に行うよう求める意見が大幅に増加したと報道されたことに伴い，被告小泉は，熟慮した上で参拝するか否か判断したい旨述べるなど，靖国神社参拝に慎重な姿勢に転じ，平成13年8月10日には，政府内でも，参拝日を終戦記念日である8月15日以外にずらす案が浮上した。

ウ　本件参拝の状況等

（ア）被告小泉は，平成13年8月13日，秘書官を伴って公用車で靖国神社に赴き，同神社参集所において「内閣総理大臣小泉純一郎」と記帳した上で本殿に進み，本殿において，祭神に一礼する方式（以下「一礼方式」という。）により参拝した。被告小泉は，「献花内閣総理大臣小泉純一郎」との名札を付した献花をし，献花料として3万円を私費で支出した。

本件参拝に先立ち，官房長官である福田康夫は，被告小泉に代わって

「私はここに，こうしたわが国の悔恨の歴史を虚心に受け止め，戦争犠牲者の方々すべてに対し，深い反省とともに，謹んで哀悼の意を捧げたいと思います。」，「終戦記念日における私の靖国神社参拝が，私の意図とは異なり，国内外の人々に対し，戦争を排し平和を重んずるというわが国の基本的考え方に疑念を抱かせかねないということであるならば，それは決して私の望むところではありません。」，「今後の問題として，靖国神社や千鳥が淵戦没者墓苑に対する国民の思いを尊重しつつも，内外の人々がわだかまりなく追悼の誠を捧げるにはどのようにすればよいか，議論をする必要があると私は考えております。」との本件参拝に関する「小泉内閣総理大臣の談話」を発表した。
（イ）被告小泉は，本件参拝後の同日夕方，靖国神社において，記者団に対し，「今日の日本の平和と繁栄は，戦没者の方々の犠牲の上に成り立っている。数多くの戦没者に対し，哀悼の誠をささげた。A級戦犯とか特定の個人に対してお参りしたわけではない。」旨述べ，公式参拝か私的参拝かについては「私はこだわらない。首相である小泉純一郎が参拝した。」と語った。なお，終戦記念日である同月15日の靖国神社への参拝者数（神社発表）は，前年（5万5000人）の2倍以上に相当する12万5000人であり，当日は閉門時間が午後8時まで1時間延長された。
エ　本件参拝後の状況
（ア）本件参拝後，同参拝に対し，大韓民国，中華人民共和国，朝鮮民主主義人民共和国及び中華民国などのアジア諸国から抗議や懸念の声明が相次いだ。また，国内でも，財団法人全日本仏教会（以下「全日本仏教会」という。），浄土真宗本願寺派などの宗教団体から，批判や抗議の声明が表明された。
（イ）平成13年11月1日，被告小泉が靖国神社に参拝したのは政教分離規定に反し違憲であるなどとして，慰謝料等の支払を被告国や被告小泉に求める国家賠償請求訴訟が，当庁（本件訴訟）のほか，大阪及び松山の各地方裁判所に提起され，その後，同種の訴訟が東京及び千葉の各地方裁判所に提起された。
（ウ）政府は，本件参拝に対する相次ぐ批判を受けて，平成13年12月，官房長官の私的諮問機関として，「追悼・平和祈念のための記念碑等施設の在り方を考える懇談会」を設置し，戦没者追悼のための国営施設の在り方についての検討を委ねた。
（エ）被告小泉は，靖国神社の春季例大祭の初日である平成14年4月21日，靖国神社に再び参拝した。同日，被告小泉は，公用車を使用して靖国神

社に赴き，「内閣総理大臣小泉純一郎」と記帳し，本殿に進んで神道方式にはよらない一礼方式で参拝した。また，献花料として3万円を私費で支出した。

その後，被告小泉は，同神社において，記者団に対し，「二度と戦争を起こしてはならないという意味を込めて参拝した。」と述べ，8月の参拝については，「ありません。1年に1度と思っている。」と答えるとともに，「例大祭に合わせて参拝することにより，私の真情を素直に表すことができると考えた。」という所感を発表した。

他方，政府は，春季例大祭は正式には21日午後3時の「清祓」をもって始まるものであり，被告小泉は同日午前中に参拝しているので，同参拝は宗教儀礼と直接の関わりをもつものではない旨説明し，福田康夫も被告小泉は例大祭に出席したことにはならないと語った。これに対し，靖国神社は，「例大祭の期間は21日からと決まっており，午後3時からの儀式が始まっていないからといって出席しなかったことにはならない。神社としては例大祭に参拝していただいたと思う。」との見解を示した。

（オ）同参拝に対しても，本件参拝と同様，大韓民国や中華人民共和国などから抗議がなされ，また，国内においても，全日本仏教会，浄土真宗本願寺派，真宗10派からなる真宗教団連合等が，被告小泉に対し，抗議声明を送るなどして，参拝の中止を求めた。

（カ）被告小泉は，平成15年1月14日，内閣総理大臣就任後3度目の靖国神社参拝を行った。被告小泉は，これまでの参拝と同様，「内閣総理大臣小泉純一郎」と記帳し，献花料として3万円を私費で支払った。同参拝に対しては，中華人民共和国及び大韓民国から直ちに抗議声明が表明され，また，国内においても各宗教団体や市民団体から相次いで抗議声明が発表された。

（キ））被告小泉は，平成15年1月28日の参議院予算委員会において，「戦没者に対する敬意と感謝の念を込めて，二度と戦争を起こしてはならないという気持ちで，靖国神社を毎年参拝している。」と説明し，「私が首相である限り，時期にはこだわらないが，毎年靖国神社に参拝する気持ちに変わりはない。」と述べた。

（ク）被告小泉は，平成16年1月1日，初詣と称して，内閣総理大臣就任後4度目の靖国神社参拝を行った。被告小泉は，これまでの参拝と同様，「内閣総理大臣小泉純一郎」と記帳し，献花料として3万円を私費で支払った。同参拝に対しても，大韓民国及び中華人民共和国は厳しく抗議するとともに，内閣総理大臣による靖国神社参拝の中止を強く求めた。

(2) 本件参拝の職務行為該当性について

国家賠償法1条1項にいう「職務を行うについて」とは，当該公務員が，その行為を行う意図目的はともあれ，行為の外形において職務の執行と認め得る場合をいうと解するのが相当である（最高裁昭和31年11月30日第二小法廷判決・民集10巻11号1502頁）。本件参拝については，前記認定事実によれば，被告小泉は，公用車を使用して靖国神社に赴き，秘書官を随行させたこと，被告小泉は，「内閣総理大臣小泉純一郎」と，あえて内閣総理大臣の肩書きを付して記帳し，また，「献花内閣総理大臣小泉純一郎」との名札を付した献花をしたこと，本件参拝に先立ち，官房長官である福田康夫は，本件参拝に関する「小泉内閣総理大臣の談話」を発表したこと，本件参拝後，被告小泉は，公的参拝か私的参拝かについてはこだわらないものであって，内閣総理大臣である被告小泉が参拝した旨語り，公的参拝であることを明確には否定していないことなどが認められ，これらの諸事情に照らせば，本件参拝は，行為の外形において内閣総理大臣の職務の執行と認め得るものというべきであり，同条項の「職務を行うについて」に当たると認められる。

(3) 本件参拝の違憲性について

ア　政教分離規定（憲法20条3項）違反について

(ア)「宗教的活動」（憲法20条3項）の意義

我が国では，過去において，大日本帝国憲法に信教の自由を保障する規定（28条）を設けてはいたが，その保障は，「安寧秩序ヲ妨ケス及臣民タルノ義務ニ背カサル限ニ於テ」という同条自体の制限に服していただけではなく，国家と神道が密接に結びつき，国家神道に対して事実上国教的な地位が与えられ，これに対する信仰が強制され，また，一部の宗教団体に対して厳しい迫害が加えられたことなどもあって，不完全なものにとどまった。日本国憲法は，その反省の下に，新たに信教の自由を無条件に保障することとし，また，明治維新以降上記のような弊害を生じたことに鑑みて，その保障を確実なものとするために政教分離規定を設けたものである。

したがって，憲法20条3項が禁止している「宗教的活動」とは，前記政教分離原則の規定が設けられた経緯に照らせば，およそ国及びその機関の活動で宗教とのかかわり合いをもつすべての行為を指すものではなく，そのかかわり合いが社会的，文化的諸条件に照らし相当とされる限度を超えるものに限られるというべきであって，当該行為の目的が宗教的意義をもち，その効果が宗教に対する援助，助長，促進又は圧迫，干渉等

になるような行為をいうものと解すべきである。その典型的なものは，同項に例示される宗教教育のような宗教の布教，教化，宣伝等の活動であるが，そのほか宗教上の祝典，儀式，行事等であっても，その目的，効果が前記のようなものである限り，当然これに含まれる。そして，この点から，ある行為が「宗教的活動」に該当するかどうかを検討するにあたっては，当該行為の主宰者が宗教家であるかどうか，その順序作法（式次第）が宗教の定める方式に則ったものであるかどうかなど，当該行為の外形的側面のみにとらわれることなく，当該行為の行われる場所，当該行為に対する一般人の宗教的評価，当該行為者が当該行為を行うについての意図，目的及び宗教的意識の有無，程度，当該行為の一般人に与える効果，影響等，諸般の事情を考慮し，社会通念に従って客観的に判断しなければならないと解するのが相当である（最高裁昭和52年7月13日大法廷判決・民集31巻4号533頁）。

（イ）本件参拝の性質

そこで，上記見地から，本件参拝が憲法20条3項によって禁止されている宗教的活動に当たるか否かについて検討する。

前記認定事実によれば，靖国神社は，神道の教義を広め，春秋の例大祭や合祀祭等の儀式行事を行い，信者を教化育成することを主たる目的とし，拝殿，本殿等の礼拝施設を備える神社であって，宗教団体（憲法20条1項後段，宗教法人法2条）に該当するものであり，同法に基づいて設立された宗教法人である。

本件参拝は，このような靖国神社の本殿等において，一礼して祭神である英霊に対して畏敬崇拝の心情を示すことにより行われた行為であるから，靖国神社が主宰するものでも神道方式に則った参拝方法でもなく，また，靖国神社に合祀されている戦没者の追悼を主な目的とするものではあっても，宗教とかかわり合いをもつものであることは否定することができない。

また，本件参拝当時，内閣総理大臣が国の機関として靖国神社に参拝することについては，他の宗教団体からだけではなく，自民党内及び内閣内からも強い反対意見があり，国民の間でも消極的な意見が少なくなかったことに照らせば，一般人の意識においては，本件参拝を単に戦没者の追悼という行事と評価しているものとはいえず，また，前示のとおり憲法の政教分離規定は，明治維新以来国家と神道が密接に結びついて種々の弊害が生じたことへの反省の観点から設けられたものであって，神道を念頭においた規定であることに照らすと，一般人の意識において

神道が他の宗教に比して必ずしも宗教としての認識が高くないものであるとしても，そのことをもって憲法20条3項にいう「宗教的活動」に該当するかどうかを判断するにあたって，神道の宗教的意義を否定するのは相当でないというべきである。

さらに，被告小泉は，本件参拝後も毎年1回の頻度で靖国神社に参拝し続け，「1年に1度と思っている。」，「私が首相である限り，時期にはこだわらないが，毎年靖国神社に参拝する気持ちに変わりはない。」と発言するなど，将来においても継続的に国の機関である内閣総理大臣として靖国神社に参拝する強い意志を有していることが窺われることからすれば，単に社会的儀礼として本件参拝を行ったとは言い難く，また，国の機関である内閣総理大臣としての戦没者の追悼は，靖国神社への参拝以外の行為によってもなし得るものである。

靖国神社が前記認定の沿革及び性格を有していること，特に戦没者のうち軍人軍属，準軍属等のみを合祀の対象とし，空襲による一般市民の戦没者などは合祀の対象としていないことからすれば，内閣総理大臣として第2次世界大戦による戦没者の追悼を行う場所としては，宗教施設たる靖国神社は必ずしも適切ではないというべきであって，現に，被告小泉自身，本件参拝に際して発表した「小泉内閣総理大臣の談話」において，戦没者の追悼方法について議論する必要があるという認識を有している旨表明し，これを受けて政府は，本件参拝後に戦没者追悼のための公営施設の在り方を考えるための懇談会を設置し，検討を委ねていた。それにもかかわらず，被告小泉は，本件参拝後も継続的に靖国神社に参拝し，既に本件参拝を含めて4回も内閣総理大臣として靖国神社に参拝していることに照らせば，一般人に宗教的行為と捉えられること並びに参拝をすることについて憲法上の問題及び国民又は諸外国からの批判等があり得ることを十分に承知しつつ，あえて自己の信念あるいは政治的意図に基づいて本件参拝を行ったものというべきである。

そして，本件参拝は，三権の一角の行政権を担う内閣の首長である内閣総理大臣の地位にある被告小泉が，将来においても継続的に参拝する強い意志に基づいてなしたものであること，被告小泉は，本件参拝に際して日本の発展は戦没者の尊い命の犠牲の上に成り立っており，戦没者慰霊祭の日に靖国神社に参拝することによって，そのような純粋な気持ちを表すのは当然である旨述べていること，本件参拝直後の終戦記念日には，前年の2倍以上の参拝者が靖国神社に参拝し，閉門時間が1時間延長されたことなどからすれば，本件参拝によって神道の教義を広める宗

教施設である靖国神社を援助，助長，促進するような効果をもたらしたというべきである。

以上の諸事情を考慮し，社会通念に従って客観的に判断すると，本件参拝は，宗教とかかわり合いをもつものであり，その行為が一般人から宗教的意義をもつものと捉えられ，憲法上の問題のあり得ることを承知しつつされたものであって，その効果は，神道の教義を広める宗教施設である靖国神社を援助，助長，促進するものというべきであるから，憲法20条3項によって禁止されている宗教的活動に当たると認めるのが相当である。

(ウ) したがって，本件参拝は憲法20条3項に反するものというべきである。

イ　信教の自由（憲法20条1項前段）及び宗教的人格権（憲法20条1項前段，3項）侵害の違憲性について

原告らは，本件参拝は，憲法20条1項前段で保障されている，原告らの特定の宗教を信仰すること又は信仰しないことを強制されない自由としての信教の自由を侵害するものであって違憲である旨主張する。

しかしながら，信教の自由の保障は，国から公権力によってその自由を制限されることなく，また，不利益を課せられないとの意義に解すべきものであり，国によって信教の自由が侵害されたといい得るためには，少なくとも国及びその機関によって信教を理由として不利益な取扱い又は宗教上の強制もしくは制止が行われたことが必要であると解するのが相当であるところ，本件参拝は，原告らに対して信教を理由として不利益な取扱いをしたり，心理的な強制を含む宗教上の強制や制止をしたりするものではなく，原告らに不安感，危惧の念を生じさせるものではあっても，それ以上に上記のような信教の自由を侵害したものとはいえず，この点に関する原告らの主張は理由がない。また，原告らは，本件参拝は，憲法20条1項前段及び3項で保障されている，日常の市民生活において平穏かつ円満な宗教的生活を享受する権利である宗教的人格権を侵害するものであって，違憲である旨主張するが，原告ら主張の宗教的人格権なるものは，信教の自由により保障される範囲外においては実定法上の根拠を欠くものであり，その内容も主観的，抽象的なものであって，憲法上の人権として保障されているものとは解し難いから，原告らの主張はその前提を欠き失当である。

ウ　平和的生存権（憲法前文，9条）侵害の違憲性について

原告らは，本件参拝は，憲法前文及び9条によって保障されている原告

らの平和的生存権を侵害するものであって違憲である旨主張する。

しかしながら，平和とは抽象的概念であって，憲法前文にいう「平和のうちに生存する権利」ということ自体からは，一定の具体的な意味内容が確定されるものではなく，また，憲法9条は，国家の統治機構及び統治活動についての規範を定めたものにすぎず，国民の具体的権利を直接保障したものということはできないから，結局，原告ら主張の平和的生存権は，その内容及び性質などの点で抽象的なものといわざるを得ず，憲法上保障されている権利ということはできない。

したがって，原告らの上記主張はその前提を欠き失当である。
(4) 原告らに対する権利侵害の有無について
ア　原告らが受けた精神的苦痛
原告らは，本件参拝によって，信教の自由，宗教的人格権及び平和的生存権を侵害され，精神的損害を被った旨主張する。そこで，まず，原告らが受けた精神的苦痛について検討すると，証拠（甲62，63，83の1・2，84ないし89，90の1の1，90の2ないし13，96，102，125の1ないし4，126，131ないし140，148，159ないし177，原告安藤榮雄，原告藤岡崇信，原告藤田英彦，原告梶村晃，原告裵來善）によれば，次の事実を認めることができる。
（ア）戦没者遺族である原告ら
戦没者遺族である原告らは，戦没者が合祀されている靖国神社への本件参拝によって，それぞれの肉親の死の意味づけに介入されたとして，憤り，不快感などの感情を抱くとともに，戦前の国家神道の復活に対する危惧の念，危機感などの感情を抱いたことが認められる。
（イ）仏教の僧侶，門徒又は信徒である原告ら
仏教の僧侶，門徒又は信徒である原告らは，本件参拝によって神道が国から特別扱いされ，その結果，仏教を布教してきた自己の努力を蔑ろにされたと感じるとともに，自己の信仰心を傷つけられたと考え，圧迫感，不快感，憤りなどの感情を抱いたことが認められる。
（ウ）キリスト教の神父，牧師又は信徒である原告ら
キリスト教の神父，牧師又は信徒である原告らは，死を美化して死者を礼拝の対象としている靖国神社への本件参拝によって，死を乗り越えて復活したというイエス・キリストの復活信仰を否定されたと感じ，悲しみ，憤りなどの感情を抱いたことが認められる。
（エ）特定の宗教を持たない原告ら
特定の宗教を持たない原告らは，本件参拝によって，各自が実践して

きた平和運動を踏みにじられたと感じるとともに，靖国神社の信仰を押しつけられたと考え，不安感，不快感などの感情を抱いたことが認められる。

（オ）在日コリアンである原告ら

在日コリアンである原告らは，本件参拝によって，日本による植民地支配下において受けた被害を想起させられ，日本人とコリアンとの将来における関係について憂慮を感じるに至ったなどとして，憤り，不快感，不安感などを感じていることが認められる。

イ　権利侵害の有無

（ア）平和的生存権侵害の主張について

原告らは，本件参拝は，靖国神社という戦前の全体主義的軍国主義的な政治的象徴を承認，称揚，鼓舞するという行為であって，原告らの有する平和的生存権を侵害した旨主張するが，前示のとおり，原告ら主張の平和的生存権は，その内容及び性質などの点で抽象的なものであって，憲法上の保障が及ばないことはもとより，法律上保護された具体的な権利及び利益として個々の国民に保障されたものとは解されないから，原告らの上記主張は採用できない。

（イ）政教分離規定の保障する人権に対する侵害

原告らは，憲法20条3項及び89条にいう政教分離規定は，国民に対し，何の侵害も受けることなく，心のままに不安もなく信仰を貫徹できる自由を保障した人権規定であり，信教の自由に対する直接的間接的な強制又は圧迫から国民を保護するための規定であるから，国家及びその機関が政教分離規定に違反する行為をした場合，その行為が直接的な強制であるか間接的な強制であるかを問わず，同規定が保障する人権を侵害するものであるところ，本件参拝は政教分離規定に違反する行為であるから，本件参拝によって原告らの上記人権が侵害された旨主張する。

しかしながら，政教分離規定（憲法20条1項後段，3項，89条）は，いわゆる制度的保障の規定であり，国及びその機関に対し，一定の宗教上の行為を禁止し，国家と宗教との分離を制度として保障することにより，間接的に信教の自由の保障を確保しようとするものであり，国民に対して具体的な権利を保障するものではないと解するのが相当である。

したがって，原告らの上記主張は，政教分離規定を人権保障規定とする点で既に失当である。

（ウ）信教の自由の侵害の主張について

原告らは，憲法20条1項前段にいう信教の自由は，その一内容として特

定の宗教を信仰すること又は信仰しないことを強制されない自由を含んでおり，同自由は，直接的物理的に強制的な圧迫干渉がなくとも侵害され得るものであるところ，本件参拝は，国やその機関の権威をもって，原告らに対して靖国神社への信仰を心理的に強制したものであり，同神社を信仰しない原告らの信教の自由を侵害したものである旨主張する。

しかしながら，前示のとおり，本件参拝が原告らの信教の自由を侵害したとはいえず，原告らの上記主張は理由がない。

(エ) 宗教的人格権侵害の主琴について

原告らは，政教分離規定により又は信教の自由の一内容として，日常の市民生活において平穏かつ円満な宗教的生活又は非宗教的生活を享受する権利である宗教的人格権が憲法上保障されており，本件参拝によって，原告らの有する宗教的人格権が侵害された旨主張する。

しかしながら，原告らの主張する宗教的人格権なるものはその内容がきわめて暖昧であり，憲法上の人権として保障されているものと言い難いことは，前示のとおりである。

(オ) 原告らが受けた精神的苦痛に対する評価

もっとも，原告らの主張する人格的利益が憲法上の人権といえないものとしても，一般論として，人が他者の宗教的活動によって，例えば精神疾患にも準じるような激しい精神的苦痛を被った場合について，それが単に精神的，内心的なものにとどまるということの一事をもって不法行為による被侵害利益たり得ないと解することが相当でないことはいうまでもない。一方で，違憲又は違法な宗教的活動がされた場合であっても，その活動によって直接的物理的に干渉を受ける者でない者が自己の信条と異なることから不快感を覚え，あるいは自己の経験から過去が想起されるなどして苦痛や不安，危快感等を抱き，又は当該宗教的活動につき甚だ不適切な行為として憤りを感じたとしても，およそそれらが一般に不法行為の被侵害利益として賠償の対象になると解することはできない（そのように解すれば，賠償の範囲が余りに広範になり過ぎ，不法行為による損害賠償ないし国家賠償制度自体が維持できなくなるものというべきである。)。したがって，原告らの主張するような人格的な利益は，それがただちに法的に保護すべき利益であってその侵害が不法行為に当たるとはいえないものの，そのような利益を主張する者の立場，当該宗教的活動による影響の程度，侵害の態様いかんにより，単なる不快感，嫌悪感等の域を超え，個々人の具体的な利益を侵害されたと認められる場合には不法行為も成立し得，それによる損害の発生も観念し得る

ものと解するのが相当である。

これを本件についてみると，前示のとおり，本件参拝によって，原告らが，不安感，不快感，憤り，危惧感，圧迫感などを抱いたことは認め得るものの，本件参拝は，内閣総理大臣が靖国神社を訪れ，「内閣総理大臣小泉純一郎」と記帳し，同様の名札を付した献花をした上，本殿において一礼方式によって参拝したというものであり，その行為の性質上，他者に対する影響の度合いは限定．的なものといわざるを得ないものであり，原告らの立証した前記の諸感情が相当に強度のものとは認め得るものの，なお本件参拝により賠償の対象となり得るような法的利益の侵害があったものということはできず，本件参拝について不法行為の成立を認めることはできない。

(カ) まとめ

以上より，本件参拝によって原告らの法律上保護された具体的な権利ないし利益が侵害されたということはできないから，被告らに対する損害賠償請求は理由がない。

3　結論

以上の次第であって，原告らの被告らに対する本件請求は，いずれも理由がないから，これを棄却することとし，主文のとおり判決する。

なお，前記のとおり，当裁判所は，本判決において，本件参拝につきその違憲性を判断しながらも，結論としては，本件参拝によって原告らの法律上保護された権利ないし利益が侵害されたということはできず，不法行為は成立しないとして原告らの請求をいずれも棄却するものであり，あえて本件参拝の違憲性について判断したことに関しては異論もあり得るものとも考えられる。

しかしながら，現行法の下においては，本件参拝のような憲法20条3項に反する行為がされた場合であっても，その違憲性のみを訴訟において確認し，又は行政訴訟によって是正する途もなく，原告らとしても違憲性の確認を求めるための手段としては損害賠償請求訴訟の形を借りるほかなかったものである。一方で，靖国神社への参拝に関しては，前記認定のとおり，過去を振り返れば数十年前からその合憲性について取り沙汰され，「靖国神社法案」も断念され，歴代の内閣総理大臣も慎重な検討を重ねてきたものであり，元内閣総理大臣中曽根康弘の靖国神社参拝時の訴訟においては大阪高等裁判所の判決の中で，憲法20条3項所定の宗教的活動に該当する疑いが強く，同条項に違反する疑いがあることも指摘

され，常に国民的議論が必要であることが認識されてきた。しかるに，本件参拝は，靖国神社参拝の合憲性について十分な議論も経ないままなされ，その後も靖国神社への参拝は繰り返されてきたものである。こうした事情にかんがみるとき，裁判所が違憲性についての判断を回避すれば，今後も同様の行為が繰り返される可能性が高いというべきであり，当裁判所は，本件参拝の違憲性を判断することを自らの責務と考え，前記のとおり判示するものである。

（口頭弁論の終結の日　平成16年1月13日）

福岡地方裁判所第5民事部

裁判長裁判官　亀　川　清　長

裁判官　森　　　倫　洋

裁判官　向　井　敬　二

著者紹介
纐纈厚（こうけつ・あつし）1951年岐阜県生まれ。
現在、山口大学人文学部教員（現代政治社会論・近現代日本政治史）
著　書
『総力戦体制研究』三一書房、1981年
『近代日本の政軍関係』大学教育社、1987年
『防諜政策と民衆』昭和出版、1991年
『ＰＫＯ協力法体制』梓書店、1992年
『現代政治の課題』北樹出版、1994年
『日本海軍の終戦工作』（新書）中央公論社、1996年
『検証・新ガイドライン安保体制』インパクト出版会、1998年
『日本陸軍の総力戦政策』大学教育出版、1999年
『侵略戦争』（新書）筑摩書房、1999年
『周辺事態法』社会評論社、2000年
『有事法制とは何か──その史的検証と現段階』インパクト出版会、2002年
『有事法の罠にだまされるな』凱風社、2002年
主要共著
『沖縄戦と天皇制』立風書房、1987年
『叢論日本天皇制Ⅱ』柘植書房、1987年
『十五年戦争史３　太平洋戦争』青木書店、1987年
『沖縄線──国土が戦場になったとき』青木書店、1987年
『東郷元帥は何をしたか』高文研、1989年
『日本近代史の虚像と実像２』大月書店、1990年
『遅すぎた聖断』昭和出版、1991年
『新視点日本の歴史７』新人物往来社、1993年
『昭和20年　1945』小学館、1995年
『近代日本の軌跡５　太平洋戦争』吉川弘文館、1995年
『現代の戦争』岩波書店、2002年

有事体制論──派兵国家を超えて

2004年6月30日　第１刷発行

著　者　纐纈　厚
発行人　深田　卓
装幀者　田中　実
発　行　㈱インパクト出版会
東京都文京区本郷2-5-11　服部ビル
Tel03-3818-7576　Fax03-3818-8676
E-mail：impact@jca.apc.org
郵便振替　00110-9-83148

シナノ